W0055950

Der perfekte Auftritt

Wie Sie mit einfachen Mitteln Ihre Wirkung verbessern

Ernst-Marcus Thomas

Inhalt

Vorwort

Teilnehmer meiner Seminare fragen mich oft, ob ich ein gutes Buch zum Thema Auftrittskompetenz empfehlen kann. Es gibt hervorragende Bücher zur Körpersprache, zur Stimmbildung, zur Rhetorik, zur Kleidung, zum Lampenfieber. Für einen perfekten Auftritt sind all diese Aspekte wichtig. Aber niemand hat Lust und Zeit, eine ganze Bibliothek durchzuarbeiten, um den eigenen Auftritt zu verbessern. Also habe ich mich entschieden, diesen TaschenGuide zu schreiben, der alles Wissenswerte rund um den perfekten Auftritt zusammenfasst.

Als Zeitungsjournalist habe ich es gelernt, Inhalte zu präsentieren, habe mich im Psychologie-Studium mit Körpersprache und Mentaltraining befasst. Als Sprecher beim Bayerischen Rundfunk bin ich tief in das Thema „Stimme" eingestiegen. In diesem Buch gebe ich das Wissen aus diesen Bereichen an Sie weiter. Wichtig ist mir dabei, Techniken zu vermitteln, die sich in der Praxis bewährt haben und die Sie sofort anwenden können. So hoffe ich, dass dieser TaschenGuide zum wertvollen Begleiter wird, den Sie immer wieder hervorholen, wenn Sie sich vor Publikum präsentieren.

Viel Erfolg bei allen großen und kleinen Auftritten wünscht Ihnen

Ernst-Marcus Thomas

Auftrittsprofis fallen nicht vom Himmel

Viele Menschen überlassen öffentliche Auftritte und Präsentationen lieber anderen, die „mehr Talent dafür haben". Sie sind überzeugt davon, dass man Präsenz und Charisma hat – oder eben auch nicht. Ein Trugschluss, denn in jedem von uns steckt ein Auftrittsprofi.

In diesem Kapitel erfahren Sie,

- was das Geheimnis der großen Showmaster ist,
- warum der perfekte Auftritt eine Frage der Übung ist,
- warum auch die Besten klein anfangen mussten.

Das Geheimnis der Showmaster

Der legendäre Fernsehmoderator Hans-Joachim Kulenkampff sagte einmal in einem Interview, es gäbe Fernsehstars, deren Eitelkeit so weit gediehen sei, dass sie sich sogar zu verbeugen pflegen, wenn der Regen an die Fenster klatscht. So weit muss es nicht gleich gehen mit dem Selbstbewusstsein vor der Kamera und auf der Bühne. Aber von Showprofis kann man sich einiges abschauen, wenn es um einen souveränen Auftritt geht. Was ist ihr Geheimnis? Wie legt man ganz selbstverständlich einen starken Auftritt aufs Parkett? Wie zeigt man Bühnenpräsenz, von der Profis wie Kulenkampff, Gottschalk & Co. so viel besitzen?

Auch aus dem Berufsalltag und dem Privatleben kennen wir das Phänomen: Manche Menschen wirken einfach besser als andere. Da ist ein Strahlen, ein Glitzern. Es ist ihre Stimme, die Art wie sie sprechen und was sie zu sagen haben. Menschen, die haften bleiben, an die wir uns erinnern. Der Raum scheint ein paar Grad wärmer zu werden, wenn sie herein kommen. Auch Bill Clinton gehört zu ihnen. Wenn Menschen wie er auf der Bühne stehen, nehmen sie die Bühne in Besitz, füllen sie ganz aus. So etwas nennen wir nicht nur Präsenz, sondern auch Charisma. Aber was ist das eigentlich, dieses flüchtige Etwas, das wir alle gerne hätten? Und kann man Charisma lernen? Natürlich gibt es Naturtalente, bei denen die Präsenz einfach da ist. Aber, um die wichtigste Frage gleich zu beantworten: Ja, man kann seine Präsenz, sein Charisma trainieren.

Denn Präsenz heißt nichts anderes, als zu 100 Prozent hier zu sein, hier in diesem Moment. Und zwar mit allem, was wir zur

Verfügung haben: unserem Körper, unserer Mimik, der Gestik, der Stimme und aller „Wachheit". Daran scheitert es schon bei vielen, die mit ihren Gedanken immer überall sind: in der Vergangenheit oder in der Zukunft, nur nicht im Hier und Jetzt. Als Showmaster, wie Kulenkampff einer war, kann man sich das nicht leisten. Sonst gehen Emotionen, zwischenmenschliche Momente oder Pointen verloren und die Show hat kein Aroma.

> Wenn Sie vor ein Publikum treten, dann sollten Sie zu 100 Prozent im Moment sein.

Auch die Besten fingen klein an

In meinen Seminaren sitzen ab und zu Teilnehmer, die nicht freiwillig da sind, sondern von ihrem Arbeitgeber zwangsverpflichtet wurden. Sie meinen, an Ausstrahlung und Charisma könne man nicht arbeiten. So etwas sei Veranlagung, man habe eben eine Bühnenpräsenz oder nicht. Das ist ein Irrtum! Viele Manager, Politiker und Wirtschaftsbosse lassen sich trainieren, um ihren Auftritt zu verbessern. Mit Erfolg.

Das beste Beispiel dafür, dass Präsenz und Charisma erlernbar sind, ist Steve Jobs, der verstorbene Apple-Gründer. Zwischen seinen ersten Auftritten in den 1980er-Jahren und seinen letzten Präsentationen liegen Welten. Der Mann hat hart an sich gearbeitet und ist dabei immer ein Stück besser geworden. Aus einem unscheinbaren und schüchternen Jungen, der die kompletten Ersparnisse seiner Adoptiveltern für ein Studium auf den Kopf gehauen hat, ohne jemals einen Uni-Abschluss zu machen, war ein Mann geworden mit Strahlkraft – ein Mann, der die Menschen mit den Präsentationen neuer Apple-Produkte von den Stühlen gerissen hat. Und diese Präsentationen waren kein Zufall, sondern bis ins Detail durchdacht. Sie waren das Ergebnis von Handwerk, Professionalität und harter Arbeit. Nur dass man den Auftritten diese Arbeit nicht angemerkt hat, weil sie so leichtfüßig daherkamen. Rudi Carrell hat es einmal so ausgedrückt: „Man kann nur das aus dem Ärmel schütteln, was man vorher hineingetan hat."

Auch die Reden von US-Präsident Barack Obama kommen mühelos daher, obwohl er – zusammen mit seinem Beraterstab – hinter den Kulissen bis in die kleinste Formulierung an ihnen arbeitet. Und genau das macht die Magie aus: Man darf die Arbeit hinter dem Auftritt nicht spüren.

Beispiel

 Auch Hollywood-Größen wie Al Pacino nehmen ihr Talent nicht einfach als gottgegeben hin, sondern arbeiten immer weiter an sich. Al Pacino hat über Jahrzehnte mit dem gleichen Schauspiel-Coach zusammengearbeitet, zu dem er zwei Mal die Woche in den Unterricht gegangen ist, bis der Coach 2013 gestorben ist. Daran sehen Sie auch, dass man sich selber nur sehr schwer ein Feedback geben kann. Ein guter Trainer kann von außen viel besser sehen, wo der Hase im Pfeffer liegt und woran gearbeitet werden sollte.

Mit dem Skalpell sezieren

In den folgenden Kapiteln werfen wir gemeinsam einen Blick hinter die Kulissen eines guten Auftritts. Dabei werden wir auch die Auftritte gestandener Medienpersönlichkeiten analysieren – geradezu sezieren wie ein Chirurg mit seinem Skalpell –, um zu schauen, was deren Präsentation so stark macht. Danach werden Sie öffentliche Auftritte ganz anders sehen und verstehen, wie sie gemacht sind. Sie bekommen jede Menge Werkzeuge an die Hand, mit denen Sie Ihre eigene Wirkung verbessern können. Die meisten eignen sich übrigens nicht nur für Bühnenpräsentationen vor einem großen Publikum, sondern auch für den kleinen Auftritt im täglichen Leben: in einer Konferenz, bei einer Gehaltsverhandlung, beim Vorstellungsgespräch oder auch bei einem romantischen Date. Die Prinzipien, wie wir auf andere Menschen wirken, sind immer die gleichen.

Viele Menschen haben eine höllische Angst, vor ein Publikum zu treten. In Umfragen heißt es immer wieder, die Angst, öffentlich zu sprechen, sei sogar größer als die Angst vor dem eigenen Tod. So gesehen, ist auf einer Beerdigung derjenige, der im Sarg liegt, noch besser dran als der Trauerredner.

Alles eine Frage des Trainings

Dass man Auftrittskompetenz lernen kann, weiß ich aus eigener Erfahrung. In der Schule habe ich es immer gehasst, vor der Klasse laut vorzulesen. Schon bei dem Gedanken daran geriet ich in Panik. Wenn es in Deutsch oder Geschichte darum ging, etwas aus einem Buch vorzulesen, passierte das in der Regel der Reihe nach. Jeder musste ein Stück Text lesen und dann war der Nächste dran. Was habe ich also gemacht?

Ich habe gezählt, wie viele Klassenkameraden vor mir an der Reihe waren, um abzuschätzen, bei welchem Absatz es mich treffen würde. Dann habe ich meine Passage im Stillen schon einmal „vor"-gelesen – und war schweißgebadet, wenn ich als Vorleser in die Arena musste. Später, mit Anfang 20, habe ich mir dann als Sprecher beim Bayerischen Rundfunk mein Studium in München finanziert. Ich habe also sogar mein Geld damit verdient, Texte zu lesen. Live im Radio. Unter Druck. Was war inzwischen passiert? Ich hatte jahrelang Sprechunterricht genommen und so aus meiner Schwäche eine Stärke gemacht. Sprechen und auch der öffentliche Auftritt sind ein Handwerk, das man trainieren und optimieren kann. Wie legt man aber einen guten Auftritt aufs Parkett? Indem man mit all seinen Mitteln überzeugt: körpersprachlich, stimmlich und rhetorisch

Lüften wir im nächsten Kapitel also das Geheimnis eines perfekten Auftritts.

Auf einen Blick: Auftrittsprofis fallen nicht vom Himmel

- Es gibt Menschen, die sich perfekt präsentieren können, die über ein Strahlen verfügen, das Räume füllt.

- Bei den wenigsten ist diese Präsenz, dieses Charisma reine Veranlagung. Die meisten haben sich Auftrittskompetenzen antrainiert. Sie beherrschen Techniken, um sich öffentlich so gut wie möglich darzustellen.

- Verfügt man über dieses Handwerkszeug, kann man es vielseitig einsetzen: im Beruf oder auch im Privatleben.

Wie wir auf andere Menschen wirken

Menschen entscheiden in Sekundenbruchteilen darüber, ob sie andere sympathisch, großartig und überzeugend finden. Dieser erste Eindruck stellt die Weichen dafür, ob ein Auftritt gelingt oder nicht.

In diesem Kapitel erfahren Sie,

- welche Faktoren es sind, mit denen wir beim Publikum auf einen Blick Wirkung erzeugen,
- was hinter der Formel 55-38-7 steckt,
- warum das Äußere sogar Wahlen entscheiden kann.

Der erste Eindruck

Wie nehmen andere Menschen uns wahr? Worauf achten sie zuerst? Vieles passiert in Situationen, in denen wir Menschen zum ersten Mal begegnen, intuitiv. Wir entwickeln ein Bauchgefühl, und zwar innerhalb weniger Sekunden – ob wir wollen oder nicht. Hier kommt Professor Albert Mehrabian ins Spiel, ein amerikanischer Psychologe, der früher an der University of California in Los Angeles lehrte und forschte. Ende der 1960er Jahre wollte Mehrabian wissen, wie dieses Bauchgefühl eines ersten Eindruckes zustande kommt. Er wollte das, was bei uns jeden Tag intuitiv passiert, wenn wir jemandem zum ersten Mal begegnen, wissenschaftlich fassen. Am Ende zweier Studienreihen kam er auf eine Regel, die noch heute die Basis der meisten Kommunikationstrainings bildet. Sie lautet:

$$55 \quad - \quad 38 \quad - \quad 7$$

Hinter dieser etwas abstrakten Formel verbirgt sich folgende Erkenntnis: Steht das, was jemand sagt, im Widerspruch zu der Botschaft, die er mittels seiner Körpersprache oder Mimik sendet, dann glauben wir seinem körperlichen und seinem stimmlichen Ausdruck weit eher als dem, was er mitteilt. Die Körpersprache, also die optischen Signale, die wir senden, spielt hierbei mit 55 % die größte Rolle, danach folgt der stimmliche Ausdruck mit 38 %, das Schlusslicht bildet der sprachliche Inhalt mit 7 %. Einfacher ausgedrückt heißt das: Wir halten das, was jemand uns mitteilt, dann für glaubwürdig, wenn seine Körpersprache und Mimik zum Gesagten passen. Weichen sie jedoch davon ab, glauben wir den Worten nicht. Dies zeigt: Körpersprache, Stimme und der Inhalt dessen, was wir sagen, sollten zueinander passen, um bei anderen einen stimmigen und glaubwürdigen, also einen guten Eindruck zu hinterlassen.

Die Optik: 55 Prozent

Unter dem Begriff der Körpersprache werden nach Mehrabian alle nonverbalen Signale zusammengefasst, also alles, was man mit dem Auge wahrnehmen kann: die Haltung, der Gang, die Mimik und die Gestik – also das ganze optische Paket, zu dem übrigens auch die Kleidung zählt. Unser Gegenüber hat also seinen Mund noch gar nicht aufgemacht und wir bilden uns unterbewusst anhand der optischen Signale, die es sendet, schon ein erstes Urteil.

Beispiel

 Stellen Sie sich vor, in Ihrer Abteilung ist die Stelle eines Vertrieblers neu zu besetzen. Heute erwarten Sie einen Bewerber zum Vorstellungsgespräch. Die Tür geht auf. Der Mann tritt über die Schwelle und sagt: „Hallo, es freut mich, Sie kennenzulernen ...". Dieser erste Eindruck, den Sie aufgrund der Kleidung, der Gestik und der Mimik des Bewerbers, gewinnen, kann wesentlich dafür sein, ob Sie ihn als sympathisch und kompetent wahrnehmen.

Die Stimme: 38 Prozent

Auch mit unserem stimmlichen Ausdruck, also der Art und Weise, wie wir die Stimme einsetzen, senden wir „paraverbale" Signale. Sprechen wir hoch oder tief, schnell oder langsam, laut oder leise, volltönend oder piepsig?

Beispiel

 Die Stimme des Bewerbers für den Vertriebsposten klingt tief, gesetzt und männlich. Spräche er mit Kastratenstimme zu Ihnen, wäre der gute erste optische Eindruck schnell dahin. Das passt einfach nicht. Ein Macher spricht nicht mit Piepsstimme.

Der Inhalt: 7 Prozent

Natürlich ist für den ersten Eindruck, den wir uns von einem Menschen bilden, auch das entscheidend, was er sagt – jedoch wenn es um seine Glaubwürdigkeit geht, nur zu einem kleinen Teil. Viel stärker wiegen hier die optische und die stimmliche Präsenz.

Beispiel

 Ist der Job-Kandidat also nicht auf den Mund gefallen, kann das seine Erfolgsaussichten erhöhen. Das ist aber letztlich nicht der Hauptgrund für Ihre Entscheidung.

Vor allem auf die Optik kommt es an

Das Prinzip 55-38-7 lässt sich auf alle Auftritte anwenden, bei denen Sie Ihr Publikum oder Ihr Gegenüber sehen kann. Es gilt bei Fernsehsendungen gleichermaßen wie bei persönlichen Begegnungen oder Live-Auftritten auf der Bühne. Sie sehen daran, wie wichtig die Körpersprache sowohl bei öffentlichen Auftritten als auch im Alltag ist.

Beispiel

Wenn ich mit Fernsehmoderatoren arbeite, gibt es nach der Formel immer lange Gesichter. In Fernsehredaktionen wird stundenlang an der Formulierung für eine Moderation gefeilt und dann so etwas: Bei aller inhaltlichen Brillanz scheint es die Zuschauer am Ende mehr zu bewegen, ob die Krawatte des Moderators schief sitzt. Was für eine Enttäuschung!

Das ist übrigens auch der Grund, warum im Fernsehen keine Kleidung getragen werden sollte, auf denen ein Text steht, so z.B. bedruckte T-Shirts. Die Zuschauer würden sofort anfangen, die Texte auf dem Shirt zu lesen oder zu entziffern. Das, was gesprochen wird, ginge dagegen ungehört flöten.

Auch viele Manager aus der Wirtschaft unterschätzen die Bedeutung von Optik.

Beispiel

Die Frau eines hochrangigen Behördenleiters in der Schweiz hat mich für ein Einzel-Coaching für ihren Mann gebucht – als Geburtstagsgeschenk. Eine sehr schöne Idee, wie ich finde. Ich – der Trainer als Geburtstagsgeschenk – saß also mit dem Behörden-Chef zusammen, der im Schweizer Fernsehen SRF regelmäßig Interviews gibt. Und nun eröffnete er mir, warum seine Frau mich engagiert hatte: Sie war mit seinen Fernsehauftritten nicht zufrieden. Ich erwartete eine detaillierte inhaltliche Analyse: Kernbotschaft, Thesen, rhetorische Mittel. Stattdessen war die Hauptkritik: „Meine Frau findet, dass ich im Fernsehen immer so dunkle Ringe unter den Augen habe. Und ihre Freundinnen haben sie auch schon darauf angesprochen, warum ich im Fernsehen so müde aussehe." Es ging also gar nicht um den rhetorischen Feinschliff, sondern um seine müde Ausstrahlung vor der Fernsehkamera. Ich habe in diesem Fall zunächst einmal einen Profi-Abdeckstift zum Aufhellen der Augenpartie empfohlen, der vor einem TV-Interview aufgetragen werden kann. Und erst dann sind wir zum inhaltlichen Teil gekommen. Das rhetorische Tuning kam nach dem Abdeckstift.

So mancher mag jetzt vielleicht denken: „Na toll, dann ist es also völlig egal, was ich erzähle. Hauptsache, die Frisur sitzt!" So einfach ist es leider nicht. Sie müssen vielmehr das, was Sie sagen wollen, in Bonbonpapier verpacken, damit es auch ankommt. Die starke optische Komponente darf niemals unterschätzt werden.

Und es geht noch weiter: Je mehr Sie selber an Ihren Inhalt glauben, je überzeugter Sie davon sind, desto überzeugender kommen Sie auch rüber. Wenn Sie etwas mit Leidenschaft vortragen, wenn Sie für ein Thema brennen, dann wird der Funken auch auf Ihr Publikum überspringen. Wenn Sie wirklich eins sind mit dem Thema Ihres Vortrages, dann kommen Körpersprache und Stimme automatisch nach und es kann nicht viel schiefgehen. Wichtig ist aber auch: Je länger ein Publikum Ihnen zuschaut und zuhört, desto mehr verschieben sich die Gewichte. Der Inhalt wird den Zuschauern wichtiger, die Optik tritt immer mehr in den Hintergrund.

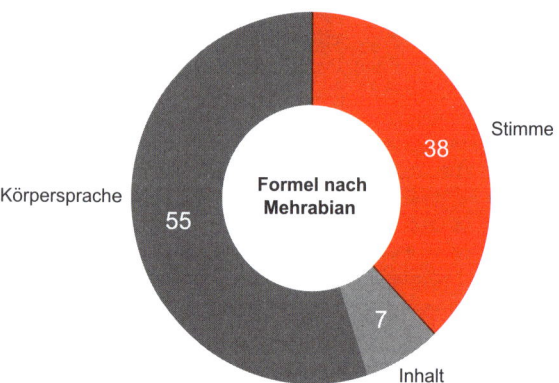

Was von uns auf andere wirkt

Das Äußere kann Wahlen entscheiden

Die Zahlen von Albert Mehrabian werden immer mal wieder angezweifelt. Kritiker sagen: Warum soll die optische Komponente nun gerade 55 % ausmachen und nicht 62 %? Diese Einwände sind nicht von der Hand zu weisen: Wer kann das schließlich schon auf die Prozentzahl genau sagen? Trotzdem lässt sich das Verhältnis der Anteile zueinander nicht wegdiskutieren. Ob die Formel nun 70-20-10 oder 55-38-7 lautet, die Praxis bestätigt die Gewichtung.

Fernsehduell Kennedy – Nixon im Jahr 1960

Ein ungleiches Politikerduell

Wir gehen zurück ins Jahr 1960. Es ist Präsidentschaftswahl-
kampf in den USA. Zum ersten Mal in der Geschichte der
Vereinigten Staaten werden die Kandidaten medial groß begleitet: mit den legendären Fernsehduellen, die in Amerika
auch heute noch eine zentrale Bedeutung haben, und die
auch bei uns immer wichtiger werden.

Auf dem Bild sehen wir die Kandidaten, John F. Kennedy von
den Demokraten und den Republikaner Richard Nixon, die in
einem CBS-Studio in Chicago aufeinandertreffen. Wie wirken
die beiden Herren auf Sie? Beginnen wir mit Kennedy auf der
linken Seite. Für mein Empfinden sitzt er lässig und zugleich
staatsmännisch da, mit einer Grandezza, als wäre er schon
Präsident. Dazu der edle dunkle Anzug, der sich gut vom
grauen Hintergrund des Fernsehstudios abhebt. Die Beine
lässig übereinandergeschlagen. Die Hände ruhen scheinbar
entspannt auf seinem rechten Bein.

Der blasse Nixon

Auf der rechten Seite sehen wir Richard Nixon, der eigentlich
der Favorit für das Präsidentenamt war. So präsentiert er sich
jedoch nicht. Verkrampft, unsicher ist seine Haltung. So, als
wolle er sich an etwas festhalten oder als müsse er dringend
auf die Toilette. Das ist zumindest meine Assoziation, wenn
ich das Bild sehe. Dazu sein grauer Anzug, der mit der grauen
TV-Kulisse zu einem suppigen Brei verschmilzt. Seine Jacke
„stockt"; er hätte das Sakko besser öffnen sollen, um diesen
unschönen Effekt zu vermeiden.

Als Hintergrund muss man wissen, dass Kennedy gerade frisch aus dem Urlaub kam und entsprechend entspannt und erholt war. Nixon dagegen war vor dem Wahlkampf im Krankenhaus und hatte im Zuge dessen massiv abgenommen. Entsprechend kränklich sah er aus. Weil aber Kennedy für den TV-Auftritt nicht geschminkt werden wollte (nach dem Motto: Das ist doch nicht nötig, ich sehe nach meinem Urlaub ohnehin erholt aus.), lehnte auch Nixon die Fernsehschminke ab – vermutlich aus falschem Männerstolz: Wenn Kennedy sich nicht pudern lässt, dann brauche ich das auch nicht. Wie es ausging, wissen wir. Kennedy siegte. Wenn auch nicht allein, so war Kennedys Charisma, das er bei Auftritten wie diesen wirksam in Szene setzte, sicherlich zu einem großen Teil mitentscheidend.

Optik und Politik heute

In der Politik hat man mittlerweile längst erkannt, wie wichtig die Optik ist. Deswegen haben Politiker heute Berater und Trainer, die sie fit machen für den öffentlichen Auftritt.

> Ein guter, überzeugender Auftritt kommt nur dann zustande, wenn Aussehen, Körpersprache und stimmlicher Ausdruck wie in einem Orchester perfekt zusammenspielen und gemeinsam eine Symphonie aus nonverbalen, paraverbalen und verbalen Ausdrucksmitteln bilden.

Ein gutes Bespiel aus heutiger Zeit für Mehrabians Formel lässt sich in der ARD-Dokumentation „Zocken, bis der Staat hilft" aus dem Jahr 2010 finden. Es geht um die Finanzkrise, ihre Entstehung und warum sie immer noch nachwirkt. In dieser Doku kommt auch der frühere sächsische Ministerpräsident Georg Milbradt zu Wort. Er wird gefragt, ob er gewusst habe, in welche Geschäfte die Sachsen LB, also „seine" Landesbank, seinerzeit verwickelt war. Er hat in der Sendung genau 35 Sekunden, um sich zu präsentieren. 35 Sekunden für einen starken Auftritt.

Aber Milbradt zeigt sich mit schlecht sitzendem Anzug und zerknautschter Krawatte, hält keinen Blickkontakt, sondern schaut ständig auf den Boden (55 %: nonverbal), seine Stimme wirkt brüchig und zittrig, man hört an seinem schweren Atem eine massive Anspannung. Stimmtrainer sprechen hier davon, dass der Atembogen überspannt wird, also die Person so lange spricht, bis sie definitiv keine Luft mehr hat und dann mit einem großen Seufzer einatmet. Zudem nuschelt Milbradt seine Antworten monoton herunter – so als wolle er gar nicht verstanden werden (38 %: paraverbal). Dazu kommen viele Ähs und Füllwörter. Und eine schlüssige Argumentation hat Milbradt ebenfalls nicht zu bieten. Er habe halt nichts gewusst. Aber wieso hat er nichts gewusst? Diese Antwort bleibt er den Zuschauen schuldig.

Eigenbild versus Fremdbild

Wir alle kennen Menschen, die sich selbst für toll halten, aber von der Außenwelt eher als peinlich wahrgenommen werden. Oft entspricht das Bild, das wir von uns selbst haben, nicht dem, wie andere Menschen uns sehen. Diese Wahrnehmung ist – wie Sie bereits erfahren haben – abhängig von optischen und stimmlichen Signalen. Auch eine Rolle spielt hier das üblicherweise in bestimmten Situationen erwartete Verhalten und ebenso Informationen, die wir von unserem Gegenüber haben.

Grundsätzlich gilt: Je besser Eigen- und Fremdbild übereinstimmen, desto besser klappt die Kommunikation. Hier können Kommunikationsseminare helfen. Mithilfe des Feedbacks des Trainers und von anderen Teilnehmern können Eigen und Fremdbild einander nähergebracht werden. Der „blinde Fleck" in der eigenen Wahrnehmung wird dadurch stetig kleiner.

Auf einen Blick: Wie wir auf andere Menschen wirken

- Nur 7 % unserer Wirkung auf andere wird durch das bestimmt, was wir sagen. 93 % machen andere Faktoren aus, wie Körpersprache, Aussehen und Stimme.

- Ihre Gestik, Ihre Mimik, Ihre Kleidung, die Stimme – alles muss zu dem passen, *was* sie sagen wollen.

- Wenn Sie hinter dem stehen, was Sie sagen, und für Ihre Sache brennen, sehen andere das auch an Ihrer Körpersprache und hören es an Ihrer Stimme. Das Ergebnis: Sie wirken authentisch und überzeugend.

- Zwischen der Art und Weise, wie wir auf andere wirken, und dem, wie wir uns selbst wahrnehmen, besteht oft eine Diskrepanz. Durch regelmäßiges Training lässt sich dieser „blinde Fleck" zwischen Eigen- und Fremdbild verkleinern.

Die Körpersprache

Unsere Körpersprache sagt mehr als tausend Worte. Sie ist ein mächtiges Werkzeug in der Kommunikation. Umso wichtiger ist es zu wissen, wie man es perfekt einsetzt. Das gilt vor allem bei Auftritten vor Publikum.

In diesem Kapitel erfahren Sie u. a.,

- was andere aus unserer Körpersprache lesen,
- warum der Blickkontakt zum Publikum so wichtig ist,
- wie man sicher und souverän auf der Bühne steht,
- warum die richtige Gestik entscheidend für den Erfolg eines Auftritts sein kann.

Was Körpersprache über unsere Persönlichkeit verrät

In seinem Buch „Der kleine Prinz" schreibt Antoine de Saint-Exupéry: „Das Wesentliche ist für die Augen unsichtbar." Dieses Plädoyer gegen die Oberflächlichkeit ist mittlerweile wissenschaftlich widerlegt – zumindest zum Teil. Die US-amerikanische Psychologin Laura Naumann fand heraus, dass es möglich ist, Persönlichkeitsmerkmale von Menschen allein aufgrund ihrer äußeren Erscheinung vorherzusagen. Diese Erkenntnis können Sie sich für Ihren persönlichen Auftritt zunutze machen.

Naumann hatte zusammen mit Kollegen in einer Studie untersucht, wie wir zu einem Urteil über jemanden kommen, den wir zum ersten Mal sehen. In dem „Psychology Today"-Artikel, der 2010 über die Studie berichtete, heißt es: „Menschen schätzen Ihre Persönlichkeit ein, bevor Sie auch nur den Mund aufgemacht haben." Es geht hier also – wieder einmal – um die Mehrabian'schen 55 %, von denen im letzten Kapitel die Rede war.

Die Forscher um Laura Naumann kamen zum Ergebnis, dass wir ziemlich sicher auf den Grad der Ausprägung von vier Persönlichkeitsmerkmalen schließen können, wenn wir das Ganzkörperfoto eines Menschen betrachten. Diese vier Merkmale sind Extrovertiertheit, Offenheit für neue Erfahrungen, Selbstwertgefühl und Liebenswürdigkeit. Was waren aber die optischen Schlüsselfaktoren, auf die die Probanden bei den Fotos besonders angesprungen sind? Die Forscher identifizierten vier wesentliche Faktoren, die auf positive Persönlichkeitseigenschaften schließen ließen:

1   das Lächeln
2   ein gepflegtes Äußeres
3   ein sicherer Stand
4   eine offene Armhaltung

Ein Lächeln öffnet Türen

Der auffälligste Faktor war das Lächeln (Smile). Die Forscher beschreiben es so: „Wer lächelt, erzeugt bei anderen Menschen das Gefühl, ein hohes Maß an Extrovertiertheit und ein hohes Selbstwertgefühl zu haben". Außerdem halten Betrachter solche Menschen für liebenswürdig und äußerst empathiefähig. Mit einem Lächeln kann man also schon viel bewirken.

> Niemand hat es schöner gesagt als der amerikanische Komiker und Pianist Victor Borge: „Ein Lächeln ist die kürzeste Verbindung zwischen zwei Menschen."

Ein gepflegtes Äußeres

Der nächste Faktor ist ein gepflegtes Äußeres (neat appearance). Wer so eine akkurate Erscheinung hat, wirkt extrovertiert und sozial kontaktfähig. Wer dagegen einen Stil pflegt, der nicht der Norm entspricht, wird erst einmal kritischer gesehen. Das können bunt gefärbte Haare sein oder Kleidung, die aus dem Rahmen fällt. Erinnern wir uns an die Punker-Bewegung in den 1980er-Jahren, die sich ja ganz

bewusst gegen die Norm gestellt hat: mit Nieten, Nasenrin-
gen und wild aufgebürsteten Haaren. Die Psychologen aus
Kalifornien sprechen hier von einer „markanten Erscheinung"
(distinctive appearance) und nennen als weiteres Beispiel
dafür z.B. Tätowierungen. Wer sich so präsentiert, wirkt auf
andere Menschen zwar so, als sei er offen für neue Erfahrungen; allerdings wird er auf den ersten Blick nicht für sonderlich diszipliniert gehalten. Das ist übrigens auch der Grund,
warum in vielen Berufen Uniform getragen wird: damit sich
niemand anhand der Kleidung ein (negatives) Urteil bildet.

Beispiel

 So tragen z.B. die Flugbegleiter bei der Lufthansa Uniform, die sie
auch nicht durch markante Schmuckstücke verzieren dürfen.
Tätowierungen und Piercings müssen abgedeckt werden, weil sie
für die Passagiere nicht sichtbar sein dürfen.

Ein sicherer Stand

Weiter geht es mit dem Stand: Hier wird zwischen „dyna-
mischem Stand" (energetic stance) und dem „verkrampften
Stand" (tence stance) unterschieden. Beim dynamischen
Stand sind beide Beine fest auf dem Boden, wobei ein Bein
das Hauptgewicht trägt und das andere beweglich bleibt. In
der Präsentationstechnik nennt man diese Position „Stand-
bein/Spielbein". Sie wird von anderen außerordentlich positiv
wahrgenommen und mit den Persönlichkeitsmerkmalen Liebenswürdigkeit und hohes Selbstwertgefühl in Verbindung
gebracht. Der verkrampfte Stand dagegen – hier sind die
Beine quasi ineinander verknotet – deutet auf Unfreundlich-

keit, Introvertiertheit und gar Neurotizismus hin. In Auftritts-Seminaren sind es oft junge Damen, die eine solche Position einnehmen und damit zeigen, dass ihnen die Situation vor Publikum äußerst unangenehm ist. Die Botschaft: „Ich will hier raus, ich mache mich klein. Bitte lasst im Boden eine Luke aufgehen, in der ich verschwinden kann."

Die Arme

Als letzten Schlüsselfaktor, der auf eine bestimmte Ausprägung der Persönlichkeitsmerkmale schließen lässt, führen die Forscher die „verschränkten Arme" (folded arms) an. Laut Studie ist das eine geschlossene Position, die auf einen introvertierten Menschen hinweist. Menschen, die ihre Arme verschränken, kennen wir alle aus dem Alltag. Es kann sich dabei tatsächlich um eine Abwehrhaltung handeln. Aber Vorsicht: Die verschränkten Arme können auch eine Bequemlichkeitshaltung sein – oder vielleicht ist dem anderen gerade nur kalt. Es kommt immer auf den Zusammenhang an.

Einige Körpersprache-Trainer sind der Meinung, bestimmte Gesten – wie die verschränkten Arme – seien absolut verboten. Davon halte ich überhaupt nichts. Verbote sind sogar gefährlich: Wenn man sich ständig selber beobachtet und darauf überprüft, welche Gesten und Haltungen man gerade einnimmt, wirkt der gesamte Auftritt nicht mehr natürlich und authentisch, sondern hölzern und aufgesetzt.

Der Blickkontakt

Ein weiterer wichtiger Faktor, der in der Studie der Psychologin Naumann zwar keine Rolle spielte, jedoch auch darüber entscheidet, wie man auf andere wirkt, ist der Blickkontakt. Andere wissenschaftliche Untersuchungen haben gezeigt, dass ein Blick das Selbstwertgefühl erhöht – und zwar sowohl bei demjenigen, der guckt, als auch bei dem, der angesehen wird. Es geht schlicht um Wahrnehmung. Ein Blick suggeriert anderen: Ich nehme dich wahr, ich sehe dich.

Magische Blicke: Von einem Zauberkünstler lernen

In seinem Buch „Win the Crowd" nennt der amerikanische Zauberkünstler Steve Cohen ein paar wichtige Tipps zum Thema Blickkontakt. Cohen gibt regelmäßig Zaubervorstellungen in einer Suite im Waldorf Astoria in New York – eine intime Show im Stile alter Salonmagie. Abgesehen davon, dass er als Magier ein absoluter Könner ist, zeigt er dort, dass er die Tipps aus seinem Buch allesamt auch selbst auf der Bühne lebt. Er schreibt, man gewinne auf der Bühne an Präsenz, wenn man den Raum mit seinem Bick abfächelt („fanning the room"). Abfächeln heißt, seinen Blick durch das Publikum schweifen zu lassen und dabei einzelne Zuschauer auch mal länger anzuschauen. Der Blick sollte dabei jedoch nicht länger als 5 bis 10 Sekunden gehalten werden. Alles, was länger dauert, wird als Anstarren interpretiert und wirkt negativ oder gar unheimlich.

Bei größeren Auftritten wird es allerdings schwierig, sich einzelne Zuschauer mit dem Blick vorzunehmen. In solchen Fällen empfiehlt Cohen, den Zuschauerraum in vier Quadranten zu unterteilen und sich in jedem Quadranten „Key People" zu suchen. Der Blick wandert dann zwischen den Menschen, die man sich in jedem Block gesucht hat. Die Zuschauer neben den Schlüsselpersonen werden sich automatisch mit ange sprochen fühlen.

> Wenn Sie auf der Bühne präsentieren, suchen Sie also den Blickkontakt zu Ihrem Publikum. Und halten Sie ihn für eine Weile. So fühlen sich die Zuschauer auch wirklich angesprochen. Ein schnelles, unruhiges Hin- und Herschauen wirkt dagegen verhuscht und nimmt dem Vortragenden Präsenz.

Die Haltung und die Gestik

Wie Sie bereits erfahren haben, ist die Haltung ein ganz entscheidender Faktor dafür, welchen Eindruck wir bei anderen hinterlassen. Hier kommen wir daher zur Frage, wie man auf der Bühne am besten steht und wo man die Hände lässt.

Alles beginnt mit einem festen Stand. Entweder Sie entscheiden sich für die Variante Standbein/Spielbein, die Ihnen in diesem Buch bereits begegnet ist, oder Sie nehmen die Füße schulterbreit auseinander, stehen parallel und verteilen das Gewicht gleichmäßig auf beide Füße. Wenn Sie sehr aufgeregt sind, kann es helfen, sich bildhaft vorzustellen, wie Wurzeln aus Ihren Fußsohlen in den Boden wachsen, die Sie dort verankern. So kann Sie nichts umpusten.

Die drei Zonen der Körpersprache

In der Präsentationstechnik unterscheiden wir drei körpersprachliche Zonen.

1 Von den Füßen bis zur Gürtellinie reicht der negative Bereich. Hier wird Körpersprache von den Zuschauern als negativ und wenig überzeugend wahrgenommen. Die schlimmste Variante: die Hände hinter dem Rücken verschränken. In diesem Fall greift ein archaisches Muster und die Zuschauer fragen sich unterbewusst, was man da hinter dem Rücken zu verbergen hat. Vielleicht ein Messer? Besser ist es also, die Hände nach vorne zu nehmen und die Handflächen zu zeigen, nach dem Motto: Seht her, ich habe keine Waffen. Ich kann euch nicht gefährlich werden.

2 Ab der Gürtellinie bis zum Kinn sprechen wir vom positiven Bereich. Die Körpersprache, die sich hier abspielt, wird als positiv und stimmig wahrgenommen.

3 Vom Kinn an aufwärts haben wir es mit dem über-positiven Bereich zu tun. Der erhobene Zeigefinger ist hier oben zu finden oder die Hände von Predigern und Missionaren: Ich aber sage euch ...! Sie merken schon: Das ist zu viel. In den über-positiven Bereich dürfen Sie sich schon einmal verirren, aber bitte nicht dauerhaft.

Körpersprache-Zonen	
1. Vom Kinn an aufwärts	Nur in Ausnahmefällen
2. Kinn bis Gürtellinie	Positiver Bereich
3. Gürtellinie bis Füße	Negativer Bereich

Wohin mit den Händen?

Körpersprache sollte also im positiven Bereich zwischen Gürtel und Kinn stattfinden. Jetzt wissen wir aber immer noch nicht, was wir mit den Händen machen. Hier gilt es zunächst, eine Grundposition zu finden, bei der wir beide Hände im positiven Bereich locker zusammen führen.

Beispiel

TV-Moderator Kai Pflaume formt beim Moderieren mit der einen Hand eine Faust, die er mit der anderen Hand umschließt. Das ist seine Grundposition.

Die Grundposition der Bundeskanzlerin kennen wir alle: die Raute, die sie sogar auf Fotos einsetzt. Ein Körpersprache-Trainer hat Frau Merkel offenbar gesagt, dass ihre Hände in den positiven Bereich gehören. Am Ende ist die Raute heraus gekommen, die sicher nicht optimal ist. Sie sorgt allerdings bei Auftritten und auch auf Fotos dafür, dass sofort eine gute Spannung in Merkels Oberkörper kommt. Das Gegenteil wäre, die Arme baumeln zu lassen und in sich zusammenzufallen – und so kraftlos möchte man als Bundeskanzlerin natürlich nicht wirken.

Finden Sie also Ihre Grundposition. Ich lasse die Hände immer locker aufeinander liegen.

Keine gute Variante ist es, die Hände zu falten und ineinander zu verschränken. Das wirkt pastoral, und wenn die Hände erst einmal zusammenkleben, bekommt man sie während der Präsentation nicht mehr auseinander. Und das bringt uns auch schon zum zweiten Teil: aus der Grundposition heraus sollte die Körpersprache möglichst natürlich kommen. Die Gestik soll den Inhalt unterstreichen und nicht losgelöst von ihm stattfinden.

Beispiel

Wenn Sie in Ihrer Präsentation zwei Standpunkte oder Meinungen symbolisieren wollen: Hände nach links und rechts.

Wenn Sie etwas Großes darstellen wollen: Hände weit auseinander.

Bei Aufzählungen: die einzelnen Finger unterstützend dazu nehmen.

Wenn Sie besänftigen oder den „Ball flach halten" wollen: beide Handflächen federnd nach unten.

Wenn Sie unsicher sind, haben Sie als sicheren Hafen immer die Grundposition, auf die Sie mit den Händen zurückfallen können. Das erhöht die Selbstsicherheit auf der Bühne.

Beispiel

Ein Meister der Körpersprache auf der Bühne ist US-Präsident Barack Obama. Shel Leanne, Coach für Führungskräfte, nimmt in ihrem Buch „Sag's wie Obama" den gesamten Präsentationsstil Obamas unter die Lupe, insbesondere seine Körpersprache. Sie schreibt: „Obamas Gesten verfehlen ihre Wirkung nicht – wie er mit geballter Faust an eine unsichtbare Tür klopfte, die Fingerspitzen zusammenlegte, unsichtbare Worte in die Luft schrieb, die Hand wie zum Stopp-Zeichen erhob – alles diente dazu, seinen jeweiligen Standpunkt zu verdeutlichen."

Stifte, Karteikarten, Zeigestock & Co.

In Auftritts-Seminaren fragen die Teilnehmer oft, ob sie bei der Präsentation etwas in die Hand nehmen dürfen, z. B. einen Stift, Karteikarten, einen Zeigestock oder Ähnliches. Hier gilt die Grundregel: Wenn der Gegenstand eine Funktion hat, dann ja. So z. B., wenn Sie mit dem Stift zwischendurch

Notizen machen oder wenn Sie mit dem Zeigestock auch etwas zeigen. Ansonsten dient der Gegenstand nur dazu, sich an ihm festzuhalten. Ein Profi muss sich nicht festhalten. Den Festhaltetrick nutzen übrigens auch viele eher unerfahrenere Fernsehmoderatoren in ihren Sendungen. Sie halten Karteikarten in der Hand, die sie nicht benutzen. Der Moderationstext steht auf dem Teleprompter, einem Gerät mit halbdurchlässigem Spiegel, das auf die Kamera gesetzt wird, und von dem die Moderatoren alles ablesen können. Die Karteikarten erfüllen in diesem Fall nur den Zweck, sich festzuhalten und das Problem „Wohin mit den Händen?" zu lösen. Erfahrene Moderatoren haben solche „Krücken" nicht nötig, sondern agieren frei mit ihren Händen.

Die kalibrierte Schleife

Gegenstände in der Hand verstärken das Phänomen der „kalibrierten Schleife". Die Auftrittssituation setzt uns dermaßen unter Stress, dass wir eigentlich einen Fluchtreflex haben. Nur können wir im Moment leider nicht davonlaufen. Also sucht sich der Körper ein anderes Ventil, um die Nervosität abzubauen. So führt er unbewusste Bewegungen aus; er gerät in die besagte Schleife, die auf das Publikum denkbar schlecht wirkt: die Karten werden auseinander- und wieder zusammengefaltet, die Kugelschreibermine rein- und rausgedrückt, der Ehering permanent gedreht. Ich hatte mal einen Professor an der Uni, der unentwegt den Zeigestock ein- und ausgefahren hat.

Nutzen Sie die Bühne

Redeprofis verstecken sich nicht hinter dem Rednerpult. Das Pult bildet eine Barriere zum Publikum und hindert Sie daran, Kontakt zu den Zuschauern aufzubauen. Es ist nur akzeptabel, wenn das Mikrofon daran befestigt ist. Ansonsten sollten Sie sich frei im Raum bewegen.

Bewegungen müssen einen Sinn haben und geführt sein. Redner, die ständig auf der Bühne „auf- und abtigern" nerven eher. Bewegen Sie sich also langsam.

Lassen Sie eine Geste stehen, anstatt hastig herumzufuchteln. Der ausgestreckte Arm, der auf ein Schaubild zeigt und in der Position auch mal verharrt – also eine ruhige Bewegung –, vermittelt Präsenz und Standing. Sie können sich zudem an folgende Regel halten: Je größer die Bühne und das Publikum, desto größer müssen Ihre Gesten sein, damit sie wirken. Nehmen Sie die Bühne mit Ihrem gesamten Körper in Besitz. Fühlen Sie sich auf der Bühne zuhause. Geben Sie Ihrem Publikum das Gefühl, dass in diesem Augenblick nur eine Person auf diese Bühne gehört – und das sind Sie. In der Theaterausbildung in den USA wird das „Owning the Stage" genannt oder „Commanding the Room". Der deutsche Fachausdruck dafür heißt „Körper-Raum-Präsenz".

Die passende Kleidung

Sie haben bereits erfahren, dass ein gepflegtes Äußeres eine entscheidende Rolle dabei spielt, welchen Eindruck wir bei anderen hinterlassen. Hierzu zählt natürlich auch die Kleidung. Wie sieht die perfekte Kleidung für einen perfekten Auftritt aus? *Die* perfekte Kleidung für jeden Auftritt gibt es nicht. Aber es gibt ein paar Anhaltspunkte, an denen Sie sich orientieren können.

Checkliste: Welche Kleidung für welchen Anlass?

- Gibt es einen Dresscode?
- In welchem Rahmen findet der Auftritt statt?
- Vor welcher Zielgruppe spreche ich?
- Wie sieht die Bühne/die Dekoration aus?
- Passt meine Kleidung zum Thema?

Wenn Sie eine festliche Abendgala moderieren, ziehen Sie natürlich etwas anderes an, als wenn Sie vor Kollegen in der Firma präsentieren. Ihre Kleidung soll dem Rahmen der Veranstaltung angemessen sein. Im Zweifelsfall sollten Sie beim Veranstalter nachfragen, welche Kleidung gewünscht ist.

Wer sitzt im Publikum? Ein Seniorenabend erfordert eine andere Kleidung als ein Auftritt vor Azubis. Passen Sie sich der Kleidung Ihrer Zielgruppe an, ohne sich dabei zu verkleiden. Wenn Sie sich als 50-Jähriger im Skater-Outfit präsentieren, wird's peinlich – übrigens auch dann, wenn im Publikum nur junge Skater sitzen. Bleiben Sie bei der Wahl der Kleidung auf jeden Fall authentisch!

Beispiel

 Bei meinen Seminaren greife ich auf verschiedene „Kleidungs-
kategorien" zurück. Wenn ich Manager und CEOs trainiere, habe
ich immer Anzug und Krawatte an. Das wird von meinen Kunden
auch erwartet. Wenn ich Kurse für junge Nachwuchsjournalisten
gebe, komme ich eher in Jeans und Hemd. Ein Anzug würde hier
unterschwellig eine Reaktion auslösen wie: „Was ist das denn für
einer?" Und bei Unternehmensseminaren kommt es wieder auf
die jeweilige Zielgruppe an. Hier pendle ich zwischen Anzug ohne
Krawatte und einer Kombination aus Jeans, Hemd und Sakko.

Über welches Thema sprechen Sie? Ein todernstes Thema im
Hawaiihemd verkünden zu wollen, passt einfach nicht. Umge-
kehrt kann ein Smoking für eine humorvolle Rede auch
unpassend sein.

Erkundigen Sie sich vorab nach den Bühnenverhältnissen, der
Dekoration, dem Hintergrund. Bestimmte Farben beißen sich
oder bilden in Kombination miteinander einen faden Einheits-
brei. Erinnern Sie sich noch an das TV-Duell Kennedy gegen
Nixon? Nixon ist mit seinem grauen Anzug vor grauer Wand
völlig untergegangen. Schwierig ist auch, auf einer pech-
schwarzen Bühne schwarz zu tragen (es sei denn, es ist ein
sehr festlicher Rahmen). Greifen Sie lieber zu einem Outfit,
mit dem Sie sich vom Hintergrund abheben.

Mit oder ohne Krawatte?

Muss es immer eine Krawatte sein? Auch hierfür gibt es keine
universal gültige Antwort. Arbeiten Sie in einer sehr konser-
vativen Branche und tragen Ihre Zuhörer auch Krawatte?
Halten Sie die Präsentation vor dem Vorstand, der im Maß-

anzug vor Ihnen sitzt? Dann ist die Antwort ganz klar: Die Krawatte ist ein Muss! Sonst enttäuschen Sie eine Erwartungshaltung, was zu Irritationen im Publikum führt. Halten Sie Ihre Rede dagegen im Kollegenkreis an einem Casual Friday und trägt keiner sonst Krawatte, können Sie auch darauf verzichten.

Grundsätzlich gilt: Der Ranghöhere gibt den Kleidungscode vor. Wenn ich im Einzeltraining mit CEOs arbeite, komme ich immer im Anzug mit Krawatte. Manchmal entledigen sich die CEOs zu Beginn des Trainings ihrer Krawatte – was für mich das Zeichen ist, meine ebenfalls abzulegen.

Der Accessoire-Code

Zum (unausgesprochenen) Kleidungscode gehört übrigens auch die Wahl der Armbanduhr und der Aktentasche. Entsprechen Uhr und Tasche nicht einem gewissen Standard, wird das vom Gegenüber sehr wohl registriert, und man ist nicht mehr auf Augenhöhe. Ist die Uhr dagegen zu teuer, und damit meine ich teurer als die Uhr des Gegenübers, oder zu protzig, kommt das auch nicht gut an. Sie merken schon: Accessoires sind eine Wissenschaft für sich.

Selbst die richtigen Schuhe spielen eine Rolle. In einer Studie der Universität Kansas ging es darum, welche Informationen die Schuhe über deren Träger geben. Die Teilnehmer der Studie sollten anhand der Schuhe auf Persönlichkeitsmerkmale schließen – und lagen zu 90 % richtig. Laut Studie seien Stiefel ein Indiz für eine „aggressive Persönlichkeit", während bequeme Schuhe eher einen gelassenen Charakter verraten.

Und am Ende wurden sogar Vorurteile bestätigt wie: Wer viel verdient, trägt teure Schuhe. Oder wer seine Schuhe über Jahre gut pflegt, ist besonders gewissenhaft.

Bei allen Kleidungs-, Schuh- und Uhrencodes gilt aber vor allem: Wählen Sie Kleidungsstücke und Accessoires, mit denen Sie sich wohlfühlen.

Kleidung vor der Kamera

Für Kameraauftritte, sowohl in YouTube-Videos als auch im Fernsehen, gelten besondere Regeln: Tragen Sie

- nichts strahlend Weißes; besser ist eierschalenfarbene Kleidung.

- keine knallrote Kleidung; sie kann Flimmern verursachen.

- keine kleinen Muster oder feinen Linien; sie flimmern in der Kamera (sog. Moiré-Effekt).

- bei Bluebox oder Greenbox nichts im gleichen Blau- oder Grünton. In solchen Studios wird der blaue oder grüne Hintergrund ausgestanzt und durch eine computergenerierte Szenerie ersetzt.

- keine Kleidung mit Texten und Aufschriften. Die Zuschauer fangen sonst sofort an, die Texte zu lesen und konzentrieren sich nicht mehr auf die Redebeiträge.

- Für Männer: Schließen Sie beim Stehen im Studio einen Knopf oder zwei Knöpfe an Ihrem Sakko. Beim Sitzen öffnen Sie das Sakko. Sonst „stockt" es und sieht unförmig aus.

- In „echten" Halbschuhen läuft und geht man im Studio sicherer und besser als mit Turnschuhen. Probieren Sie es aus!

Auf einen Blick: Die Körpersprache

- Eine starke Körpersprache beim öffentlichen Auftritt beginnt immer mit einem sicheren Stand. Verteilen Sie das Gewicht auf beide Füße gleichermaßen oder arbeiten Sie nach dem Prinzip Standbein/Spielbein.

- Achten Sie auf die drei Körpersprache-Zonen. Nur im positiven Bereich von der Gürtellinie bis zum Kinn wird Ihre Körpersprache als selbstbewusst und authentisch wahrgenommen.

- Verzichten Sie auf Hilfsmittel wie Stift oder Karteikarten, an denen Sie sich festhalten. Wer solche Krücken nutzt, neigt dazu, nervös mit ihnen zu spielen.

- Verstecken Sie sich nie hinter einem Rednerpult. Füllen Sie die Bühne mit Ihrer Präsenz. Unterstreichen Sie den Inhalt Ihrer Präsentation mit Ihrer Gestik.

- Passen Sie Ihre Kleidung der Zielgruppe, dem Rahmen und der Auftrittssituation an. Wählen Sie Kleidung, in der Sie sich wohlfühlen und verkleiden Sie sich nicht.

Die Stimme

Auftrittsprofis spielen mit ihrer Stimme wie auf einem Instrument. Die wenigsten konnten das von Anfang an, die meisten haben das über Jahre trainiert.

In diesem Kapitel erfahren Sie u.a.,

- welche Macht eine starke Stimme haben kann,
- was eine angenehme, interessante Stimme ausmacht,
- wie Sie Ihre Stimme stark machen,
- wie Sie Stimmprobleme in den Griff bekommen.

Die Macht der Stimme

Die Stimme ist im Grunde nichts anderes als Schall, der im Mund- und Rachenraum sowie in den Nasenhöhlen geformt wird. Am oberen Ende der Luftröhre befindet sich der Kehlkopf mit den Stimmlippen. In der Umgangssprache sagen wir auch Stimmbänder dazu. Mithilfe von Luft aus der Lunge beginnen die Stimmlippen zu schwingen und es wird ein Ton erzeugt. Zwischen Brust- und Bauchraum sitzt das Zwerchfell. Es ist quasi der Motor unserer Atmung und deshalb für das Sprechen auch enorm wichtig.

Von Professor Albert Mehrabian wissen wir, dass der Stimmklang 38 % unserer Wirkung auf andere ausmacht (siehe hierzu das Kapitel „Wie wir auf andere Menschen wirken"). Die stimmliche Präsentation überstrahlt den Inhalt. Dieser Faktor wird aber sehr oft unterschätzt. Ein großer Fehler. Das beste Beispiel dafür, wie wichtig die Stimme für einen gelungenen Auftritt ist, bin ich selbst.

Beispiel

 Ich bin im Jahr 1973 geboren und beschäftige mich seit 20 Jahren mit dem Thema Auftritt. Allerdings habe ich das Problem, dass ich für mein Alter noch recht jugendlich wirke. Das ist in meinem Beruf nicht unbedingt von Vorteil. Um diese Wirkung auszugleichen, erzeuge ich Schwere und Seniorität über meine Stimme, einen Bariton, den ich ganz bewusst einsetze.

Die Stimme ist ein sog. sekundäres Geschlechtsmerkmal. So fühlen sich denn auch Frauen von tiefen männlichen Radiostimmen angezogen. Aber auch im Berufsalltag spielt die

Stimme eine entscheidende Rolle. In diesem Kapitel möchte ich Sie daher ermuntern, Ihre Stimme wirken zu lassen.

Die Sprachtherapeutin Elke Sapper vom Lehrstuhl für Sprachheilpädagogik an der Ludwig-Maximilians-Universität München hat in einer Studie herausgefunden, dass Mitarbeiter mit einer vollen Stimme von Vorgesetzten unbewusst als selbstsicher, dynamisch und führungsstark eingestuft werden. Achten Sie einmal darauf: Auch Topmanager und Politiker haben oft schwere und voluminöse Stimmen, mit denen sie ihre Aussagen und Anweisungen unterstützen.

Führungsstärke und Dominanz werden nie durch Höhe oder Schnelligkeit, sondern immer durch Ruhe und Volumen in der Stimme suggeriert.

Beispiel

 Auch Flugbegleiter wissen um diesen Mechanismus. Sie setzen ihn ein, um sog. Unruly Passengers zur Ordnung zu rufen, also Passagiere, die sich während eines Fluges nicht an die Anweisungen der Kabinenmannschaft halten. Ich habe das selbst einmal bei einer Stewardess von Thai Airways erlebt. Ein Passagier ist nach der Landung mehrfach aufgestanden, obwohl die Maschine noch nicht am Gate war. Die zierliche junge Frau hat den Fluggast zur Ordnung gerufen und dabei eine Stimmkraft entwickelt, die mich überrascht hat. Der Passagier ist danach brav sitzen geblieben.

Stimmen kann man trainieren

Wer Schwierigkeiten mit seiner Stimme hat, weiß das meist nicht. Problematisch kann es sein, wenn man zu hoch, zu schnell oder atemlos spricht. Kollegen trauen sich nicht, einen Tipp in diese Richtung zu geben; schließlich ist das Thema sehr persönlich. Und so etwas bei sich selber zu analysieren, ist nicht einfach. Der ganze Kopf bildet einen Resonanzraum, der den Klang verändert, bevor er an unser Ohr dringt. Wir hören unsere eigene Stimme deswegen anders, als Außenstehende sie hören. Wer seinen Anrufbeantworter oder seine Mailbox selber besprochen hat, kennt dieses Phänomen.

Nicht nur Männer können Probleme mit ihrer Stimme haben. Frauen sprechen oft mit viel zu hoher Stimme, um ihrem Auftritt eine zusätzliche Süße zu verleihen und einem gewissen Mädchenschema zu entsprechen.

Die Stimmhöhe ist zwar auch Veranlagung und hängt davon ab, wie groß Kehlkopf, Lunge und Stimmlippen sind. Allerdings kann man innerhalb der genetisch vorgegebenen Grenzen mit Stimmtraining eine Menge erreichen. Die Stimme ist also nicht gottgegeben und unveränderbar. Wir können unsere Stimme durch Training entwickeln. Jeder Schauspieler macht das während seiner Ausbildung. Und auch Politiker und Manager lassen ihre Stimme trainieren. Vor allem Frauen in Führungspositionen arbeiten an ihrer Stimme.

Das Stimmhaus: Wie hoch ist Ihre Stimme?

Bei einem Stimmtraining geht es zunächst um die Stimm-höhe. Nur die volltönende, gut sitzende und tiefe Stimme wird als angenehm wahrgenommen und erzeugt Vertrauen. Der Grund: Schon im Mutterleib können wir Stimmen wahrneh-men. Allerdings um einiges dumpfer und tiefer durch die Lage im Bauch. An diese Situation erinnern uns volltönende Stim-men und erzeugen damit unbewusst ein Gefühl von Urver-trauen.

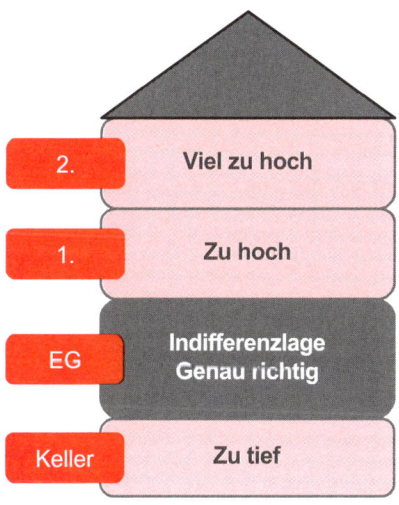

Das Stimmhaus

Ich arbeite gerne mit einem Modell, das von meinem ge-
schätzten Trainer-Kollegen Christoph Flach stammt: Stellen
Sie sich die Stimme wie ein Haus vor: Im Keller liegen die
ganze tiefen Stimmen. Um es gleich zu sagen: Diese Stimmlage ist zu tief. Einige Radiomoderatoren bewegen sich im
Keller des Stimmhauses, um besonders männlich rüber zu
kommen. Sie drücken regelrecht auf die Stimme, um diese
Kellerwirkung zu erzeugen. Dieses Drücken wird auch Press-
moderation genannt. Ich kann davon nur dringend abraten,
weil Zuhörer so etwas als unecht empfinden.

Interessant wird es im Erdgeschoss des Stimmhauses. Diese
Stimmlage nennen Stimmbildner Indifferenzlage und meinen
damit die gut sitzende, volltönende Stimme, auf die jedes
Sprechtraining abzielt. Wer viel sprechen muss, kommt um die
Indifferenzlage nicht herum. Wenn Sie sie auf Dauer verlassen,
wird es anstrengend: für Ihre Zuhörer, aber auch für Sie selbst.
Wir alle kennen Redner, denen die Stimme plötzlich versagt.

Viele Menschen sprechen nicht in der Indifferenzlage, sondern
bewegen sich im ersten Stock des Stimmhauses. Sie sprechen
dauerhaft zu hoch und verlieren damit an Präsenz und Standing.

Beispiel

 Schauen Sie sich einmal ganz bewusst politische Talkshows an. In
der Regel sind das Männerrunden, in denen Frauen mit zu hohen
Stimmen schnell untergehen. Sie versuchen, ihre Argumente
durch eine hohe, schnelle Stimme zu unterstreichen, was gründ-
lich schief geht. Stimmprofis halten mit einer satten Erdgeschoss-Stimme dagegen und lassen die Frau in der Runde
aufgeregt oder gar hysterisch wirken.

Ganz unangenehm wird es im zweiten Stock des Stimm-
hauses. Wer hier spricht, schadet auf Dauer sogar seinen
Stimmbändern – oder macht aus dem ersten und zweiten
Stock einfach sein Markenzeichen wie Verona Pooth.

Beispiel

 In einem meiner Seminare bei Lufthansa war eine junge Flugbegleiterin. Tolle äußere Erscheinung, allerdings sprach sie zu
hoch, zu leise und „verhaucht". In den alten Ausgaben der
Kuppelshow „Herzblatt" gab es „die Stimme" Susi, die die Eigen-
schaften der Kandidaten zusammengefasst hat – mit hauchig-
erotischer Stimme, die zu ihrem Markenzeichen geworden ist.
Mit ähnlicher Stimme präsentierte sich die Flugbegleiterin. Das
Problem: In einer Flirtshow im Fernsehen mag eine solche
Stimme angebracht sein. Im Berufsleben ist sie es nicht. Gerade
in der First Class geht es darum, mit den Passagieren auf Augenhöhe zu sein. Und das klappt nicht, wenn man sich stimmlich
derartig klein und vielleicht auch zum Objekt männlicher Be-
gierde macht. Die junge Dame erzählte mir, dass sie sich diese
Stimme über die Jahre antrainiert hat. Mit einigen Übungen ist es
im Seminar aber gelungen, dieses Muster aufzubrechen. Ihre
„neue" Stimme (die eigentlich ihre natürliche ist) gefiel der
Teilnehmerin dann auch viel besser.

Sechs-Wochen-Training für eine schönere Stimme

Wie findet man nun die eigene Indifferenzlage und landet in
der Erdgeschoss-Stimme? Die gute Nachricht: Es geht relativ
leicht mit der folgenden einfachen Übung.

Übung: Wie Sie Ihre Erdgeschoss-Stimme aktivieren

Sagen Sie entspannt und ohne Druck „och nö". Bitte kein „ach nee" oder Ähnliches. Denn nur das „och nö" schlägt die tiefen Töne an, womit man automatisch im Erdgeschoss landet.

Sehr schön ist auch die Schweizer Variante dieser Übung: „Hmmmm ... Schoggi". Bitte sagen Sie dies mit schokoladenweicher-volltönender Stimme, um sich einzuschwingen.

Wer seine Stimme dauerhaft ändern möchte, geht wie folgt vor: Nehmen Sie eine Zeitung und lesen Sie sich selber laut einen Abschnitt daraus vor. Hören Sie, wie Ihre Stimme klingt und in welchem Stock des Stimmhauses sie sich befindet. Sagen Sie nun laut mehrere Male „och nö" und spüren Sie, wie Ihre Stimme tiefer wird und im Erdgeschoss landet. Lesen Sie den nächsten Zeitungsabschnitt laut mit der „och nö"-Stimme. Nach ein paar Minuten wird Ihre „och nö"-Stimme wieder höher – wie bei einem Gummiband, das in die alte Position zurückschnellt. Sagen Sie wieder laut „och nö", lesen Sie weiter, sagen Sie wieder „och nö". Wiederholen Sie dies jeden Tag zehn Minuten oder auch mehrfach über den Tag verteilt.

Jetzt kommt die schlechte Nachricht: Dieses Trainingsprogramm müssen Sie über sechs Wochen durchhalten. Denn eine zu hohe Stimme ist eine Gewohnheit, die sich über Jahre eingeschliffen hat. Und es dauert ungefähr sechs Wochen, eine alte Gewohnheit abzulegen und durch eine neue zu ersetzen. Stellen Sie sich die Gewohnheit wie eine tiefe Spur im Sand vor. Mit dem neuen Verhalten setzen wir daneben eine neue Spur, die am Anfang aber noch ganz zart ist. Also neigen wir dazu, immer wieder in die alte, geliebte Spur zurück zu springen. Deshalb ist es auch so schwer, mit dem Rauchen aufzuhören. Denn gemeinerweise liebt unser Gehirn Gewohnheiten und schüttet das Glückshormon Dopamin aus, wenn wir uns unseren Gewohnheiten – die wie beim Rauchen auch zu Süchten werden können – hingeben. Durchhalten heißt also die Devise: Nach sechs Wochen müssen Sie über Ihre Stimme nicht mehr nachdenken, und die neue Gewohnheit – in diesem Fall die Erdgeschoss-Stimme – ist etabliert.

Beispiel

Am Ende meiner Seminare frage ich die Teilnehmer immer, was der Kurs ihnen gebracht hat und was sie für sich mitnehmen konnten. In einem Firmenseminar war ein Teilnehmer, mit über 1,95 Metern ein Baum von einem Mann, der aber mit zu leiser und zu hoher Stimme sprach. Die Stimme passte also nicht zur äußeren Erscheinung. Während des Seminars haben wir an diesem Punkt gearbeitet. In der Feedback-Runde sagte er auf die Frage, welche Erkenntnis er aus dem Seminar ziehen konnte: „Ich habe meine Stimme wiedergefunden."

In der Ruhe liegt die Kraft

Eine starke Stimme hat aber nicht nur mit dem Brustton der Überzeugung – also dem volltönenden Erdgeschoss – zu tun, sondern auch damit, was wir mit der Stimme sonst noch machen. Profis spielen auf ihrer Stimme wie auf einem Instru-

ment und ziehen während des Auftritts alle Register. Sie
wechseln zwischen langsam und schnell, laut und leise. Sie
machen Pausen und setzen Betonungen. Alles ist erlaubt –
vorausgesetzt, es passt zum Inhalt.

Machen Sie mal Pause!

Vor allem Pausen werden oft unterschätzt. Präsentatoren
hetzen durch ihren Vortrag als seien sie auf der Flucht. Dabei
übersehen sie: Präsenz entsteht nicht durch Schnelligkeit,
sondern durch Ruhe. Eine Pause an der richtigen Stelle setzt
Akzente und unterstreicht das Gesagte. Sie geben Ihren
Zuhörern so außerdem die Chance, Ihre Worte zu verdauen.

Beispiel

„Meine sehr verehrten Damen und Herren, hier spricht Ihr Flug-
kapitän. Ich muss Ihnen leider mitteilen, dass wir ein Problem
haben." PAUSE.

Was meinen Sie, welchen Effekt eine Pause in einer solchen
Situation hat!

21, 22, 23 ... „Wir haben ein Problem: In der Economy-Klasse sind
uns die Käseschnittchen ausgegangen. Bitte haben Sie Verständ-
nis, dass wir Ihnen nur noch Brötchen mit Schinken servieren
können."

Arbeiten Sie also mit Pausen. Cicero, der berühmte Redner im
alten Rom, hat es so ausgedrückt: „So wie ein Pfeilschütze
seinen Pfeilen nachblickt, um zu sehen, ob er getroffen hat, so
soll ein Redner seinen Worten nachblicken, um zu kontrollie-
ren, ob seine Worte überzeugt haben."

Die Magie der Schnecke

Viele Menschen neigen dazu, viel zu schnell zu sprechen, vor allem in Stresssituationen wie einem öffentlichen Vortrag. Hier hilft es wenig, sich selber zu sagen oder gar aufzuschreiben: „Ich möchte langsamer sprechen." In der Hitze des Gefechts kommt die geschriebene Botschaft nicht an – wohl aber eine bildliche Botschaft. Malen Sie sich also eine Schnecke auf Ihr Manuskript. Das Bild wirkt direkt „im Bauch" und erreicht Sie auch während der Anspannung eines Vortrags. Probieren Sie es aus. Eine Radiomoderatorin, die in ihren Sendungen immer zu schnell gesprochen hat, sagte mir einmal: „Deine Schnecke hat eine magische Wirkung".

Korkensprechen gegen Nuscheln

Wer zu schnell und deswegen nuschelig und undeutlich spricht, dem kann das sog. Korkensprechen helfen: Stecken Sie sich einen Korken zwischen die Zähne und lesen Sie sich selber die Zeitung vor. Danach nehmen Sie den Korken aus dem Mund und lesen weiter. Sie werden sofort merken, wie sich Ihre Aussprache verbessert. Üben Sie jeden Tag mit dem Korken über einen Zeitraum von – Sie ahnen es schon – sechs Wochen. Danach sollte sich das Nuscheln erledigt haben.

Beispiel

 Ein großer deutscher Fensterhersteller hatte mich für ein Präsentationstraining einer Führungskraft engagiert. Im Sitzungsraum eines Berliner Hotels trafen wir uns zum Einzelcoaching. Der Mann hatte als Redner viel Erfahrung, und es war schnell klar, dass es bei dem Training nur um einen Feinschliff gehen würde. Eines seiner Probleme war, dass er bei Aufregung – wie in einer

Vortragssituation – zu schnell wurde und seinen Text zum Teil vernuschelte. Von der Hotelbar besorgte ich mir einen Weinkorken und wir haben eine seiner Reden mit dem Korken geübt. Das klingt für Außenstehende zunächst einmal sehr merkwürdig. Der Effekt wird erst hörbar, wenn der Korken aus dem Mund genommen wird und man normal weiterspricht. Die Artikulation des Managers war sofort viel klarer und akzentuierter. Den Korken hat er als Übungsmaterial mitgenommen. Er nimmt sich seither vor jeder Rede ein paar Minuten Zeit, in seinem Büro mit dem Korken zu sprechen, und genießt die Sicherheit, die er dadurch später auf der Bühne hat.

Wider die Monotonie

Spielen Sie auf der Klaviatur Ihrer Stimme, ziehen Sie alle Register und sagen Sie der Monotonie den Kampf an. Am besten geht das, wenn Sie frei sprechen. Ich rate dringend davon ab, Ihren Vortrag Wort für Wort auszuformulieren und dann abzulesen. Das Ergebnis ist meist die pure Monotonie, die Ihre Zuschauer nach wenigen Minuten einschlafen lässt. Wieso? Weil Sie durch den vorgefertigten Text Ihr Gehirn ausschalten. Die Denkarbeit hat komplett vorher stattgefunden, und während Ihres Vortrages reproduzieren Sie nur noch. Das ist übrigens auch das Problem mit Fernsehmoderationen, die vom Teleprompter abgelesen werden. Der Moderator reproduziert und denkt nicht frisch, was er sagen möchte. Einen Teleprompter-Text so vorzutragen, dass er nicht abgelesen klingt, ist eine Kunst für sich.

Versuchen Sie, soweit es geht, frei zu sprechen.

Machen Sie sich zu Ihrem Vortrag nur Stichworte und formulieren Sie die Sätze erst, wenn Sie auf der Bühne sind. Verstehen Sie mich bitte nicht falsch: Natürlich sollen Sie sich vorbereiten. Sie müssen inhaltlich wissen, was Sie sagen wollen. Die genauen Formulierungen sollten Sie jedoch erst in der Live-Situation entstehen lassen. Dann kommen Betonungen und Pausen wie von selbst.

Beispiel

 Als Moderator der Sendung „ARD-Buffet" im Ersten Deutschen Fernsehen hatte ich eine Begegnung, die mir die Augen geöffnet hat. Ich hatte die Redaktion gebeten, mir ein Moderationstraining zu genehmigen. Da so etwas Geld kostet, war man nicht sehr erfreut, hat dem Training aber dann doch zugestimmt. Ich hatte also die erste Sitzung mit dem Trainer in Baden-Baden. Der Mann schob die DVD mit einer ARD-Buffet-Sendung in den DVD-Player – und war schockiert. Zu dieser Zeit habe ich meine Moderationen alle wortwörtlich aufgeschrieben und dann auswendig gelernt. Und das hat man leider auch gemerkt. Der Trainer: „Was ist das denn? Sie haben ja alles auswendig gelernt. Da höre ich das Manuskriptpapier rascheln, wenn Sie reden. Junger Mann, Sie moderieren eine Kochsendung und kein politisches Magazin. Das werden Sie ja wohl noch frei können."

Sie können sich vielleicht vorstellen, wie deprimiert ich aus der ersten Trainingssitzung gegangen bin. Ich habe dann die nächste Sendung einfach frei moderiert – mit Stichworten, die ich anstelle eines ausgeschriebenen Textes auf Moderationskarten notiert habe, und Mut zum Risiko. Und siehe da: Es hat funktioniert. Der Trainer und ich wurden die besten Freunde und nach drei Sitzungen hat er das Training für erfolgreich beendet erklärt.

Im nächsten Kapitel gebe ich Ihnen eine Stichwort-Technik mit auf den Weg, die Ihnen helfen kann, den ersten Schritt zum freien Sprechen zu gehen.

Trainingseinheiten für Ihre Stimme

Die folgenden Übungen aus der Stimmbildung helfen Ihnen dabei, Ihre Stimme zu trainieren.

Übung 1: Bauchatmung

Die Basis einer guten Stimme ist immer der Atem. Viele Menschen atmen jedoch nicht richtig. Sie atmen zu flach oder zu hoch. Zu hoch bedeutet: Es wird in den Brustkorb geatmet und nicht in den Bauch. Mit dieser Übung trainieren Sie die Bauchatmung. Legen Sie sich flach auf den Boden und platzieren Sie Ihre Hände entspannt auf dem Bauch. Atmen Sie bewusst in den Bauch, quasi in Ihre Hände. Wenn Sie richtig atmen, bewegen sich die Hände im Rhythmus Ihres Atmens langsam auf und ab.

Übung 2: Zwerchfell-Stütze

Stellen Sie sich entspannt aufrecht hin. Legen Sie Ihre beiden Hände seitlich in die Flanken über den Hüften. Bilden Sie in dieser Position die Explosivlaute t, k, p. Wichtig ist, dass Sie nicht „tee, kaa, pee" sagen, sondern die Laute ohne Vokale bilden. Sie sollten spüren, wie bei jedem Explosivlaut das Zwerchfell zusammenzuckt.

Die Zwerchfell-Stütze wird nicht nur von Profi-Sprechern angewandt, sondern auch von Sängern. Wenn man das Zwerchfell stützt, wird die Luft nicht einfach unkontrolliert ausgeatmet, sondern kann im Sinne der Stimmbildung dosiert werden. Die Stimmbänder werden entlastet, das Sprechen fällt leichter, man wird nicht so schnell heiser.

> Die Übungen 1 und 2 sind ideal, um Ihren Atem in den Bauch zu lenken. Irgendwann wird Ihnen die Bauchatmung zur zweiten Natur und Sie müssen nicht mehr darüber nachdenken. Die Bauchatmung in Kombination mit der „Stütze" – der Stützung durch das Zwerchfell – erzeugt eine kraftvolle, tragfähige Stimme.

Übung 3: Stimmrutsche

Die Stimmrutsche ist eine perfekte Übung, um die Stimme aufzuwärmen. Spitzen Sie die Lippen und beginnen Sie, mit den Lippen zu kreisen. Machen Sie dabei ein Geräusch wie das Muhen einer Kuh. Variieren Sie nun die Stimmhöhe: Starten Sie ganz tief und werden dann ohne Übergang höher und schließlich ganz hoch. Wenn Sie ganz oben sind, geht die Reise wieder nach unten. Dabei weiter kreisen und muhen. Und wieder nach oben. Mit der Stimmrutsche versetzen Sie die Stimmbänder sanft in Schwingung. Verklebungen lösen sich, und die Stimmbänder werden geschmeidig. Ich habe diese Übung in meiner Zeit als Nachrichtensprecher vor einer Frühschicht angewendet, um die Stimme für die Live-Situation im Radio vorzubereiten und aufzuwärmen.

Übung 4: Artikulation

Nicht nur das Korkensprechen führt zu einer besseren Artikulation, sondern auch diese Übung: Fahren Sie mit Ihrer Zunge an Ihren Zähnen entlang. Starten Sie am Oberkiefer mit der inneren Zahnreihe. Fahren Sie dann oben fort mit der äußeren Zahnreihe. Wiederholen Sie das Ganze am Unterkiefer. Rollen Sie dann die Zunge zusammen, als wollten Sie eine Kugel durch ein Blasrohr schießen. Lassen Sie zum Schluss die

Zunge aus dem Mund ragen. Berühren Sie mit der Zungen-
spitze zunächst die Ober-, dann die Unterlippe. Führen Sie sie
danach nach links und nach rechts zum Mundwinkel. Jetzt
sollten Zunge und Artikulation in Bewegung gekommen sein.

Übung 5: Die Königsrolle

Die Königsrollen-Übung stammt aus der Theaterpädagogik
und trainiert die Tragfähigkeit Ihrer Stimme. Sie kann nur in
einer Gruppe durchgeführt werden.

Ein Teilnehmer stellt sich vor die anderen Gruppenmitglieder
und ist „der König". In dieser Königsrolle begrüßt er nun sein
„Gefolge" mit einem kräftigen „Hey". Dabei macht er eine
ausladende Geste mit seiner rechten Hand, die nach außen
schwingt. Der König entfernt sich von der Gruppe und ruft
wieder „Hey" mit Geste, geht noch weiter weg und so weiter,
bis die Gruppe sehr weit weg ist. Dennoch muss der König
seine Untertanen mit der Stimme erreichen. Wichtig dabei ist,
dass seine Stimme im Erdgeschoss bleibt und aus dem Bauch
heraus erzeugt wird.

Übung 6: Atmen gegen Lampenfieber

Lampenfieber lässt unsere Stimme zittern. Daher ist es gut,
etwas gegen die Auftrittsangst zu tun. Hier kann eine Atem-
übung helfen: Ziehen Sie sich kurz vor dem Auftritt in eine
ruhige Ecke zurück. Atmen Sie tief durch die Nase ein und
langsam durch den Mund wieder aus, und zwar auf „sch".
Machen Sie das so lange, bis die gesamte Luft entwichen ist.
Atmen Sie dann wieder durch die Nase ein und gegen den

Widerstand des „sch" durch den Mund wieder aus. Wiederholen Sie dies zwei Minuten und Sie werden merken, dass Sie viel ruhiger auf die Bühne gehen. Diese Übung ist perfekt auch in Kombination mit den Übungen 1 und 2.

Übung 7: Ein Mantra gegen Lampenfieber

Von Dorothy Sarnoff, einer ehemaligen Opernsängerin und erfolgreichen Auftrittstrainerin, stammt dieses Mantra, mit dem Sie sich vor dem Auftritt selbst gegen Lampenfieber programmieren können. Wiederholen Sie dazu:

„Ich freue mich, dass ich hier bin. Ich freue mich, dass Sie hier sind. Ich bin ganz für Sie da. Ich fühle mich gut vorbereitet."

Damit die Stimme nicht wegbleibt

Gift für die Stimme sind Alkohol, Nikotin und Milchprodukte. Zu Alkohol und Nikotin muss ich nicht viel sagen. Beides ist nicht nur schlecht für die Stimme. Milch verschleimt – und das kann man beim öffentlichen Sprechen überhaupt nicht gebrauchen. Auch Kaffee eignet sich nicht vor Präsentationen, weil er die Stimmbänder austrocknet. Tee ist besser.

Erste Hilfe bei trockenem Mund

Wer bei Auftritten einen trockenen Mund hat, kann es mit Isla Moos oder Emser Salz aus der Apotheke versuchen. Bewährt haben sich auch Salbeibonbons oder andere Pastillen, die die Schleimhäute feucht halten (z. B. Ipalat Halspastillen). Wichtig ist, dass sie kein Menthol enthalten. Denn auch Menthol trocknet aus mit der Folge, dass Sie das Gegenteil von dem erreichen, was Sie eigentlich bezwecken: austrocknen statt befeuchten.

> Wenn Sie erkältet und sehr heiser sind, sollten Sie nur so viel wie nötig sprechen, bis die Stimme wieder da ist.

Wenn Sie heiser sind

Bei Heiserkeit gilt: möglichst gar nicht sprechen. Absolute Stimmruhe ist hier das einzig wirksame Mittel. Wenn Sie unbedingt sprechen müssen, flüstern Sie auf keinen Fall. Flüstern ist das anstrengendste, was man dem Stimmapparat antun kann. Sprechen Sie also auch bei Heiserkeit auf jeden Fall mit Stimme und trinken Sie vor allem viel Wasser oder Tee. Hier noch ein Tipp von Berufssprechern und Sängern: Das Präparat „GeloRevoice" mit Hyaluronsäure aus der Apotheke wirkt Wunder, wenn Sie sehr heiser sind, aber trotzdem unbedingt sprechen müssen. Die Lutschtabletten packen Ihre Stimme quasi in einen schützenden Mantel. Aber auch hier gilt: Sobald die Präsentation beendet ist, unbedingt jegliches Sprechen einstellen, sonst können Sie die Stimme dauerhaft schädigen.

Auf einen Blick: Die Stimme

- Was eine gute Stimme zu einem erfolgreichen Auftritt beitragen kann, wird oft unterschätzt.

- Die Stimme ist nur zu einem Teil genetisch festgelegt. Wir können sie mit einem Stimmtraining gezielt entwickeln.

- Nur die volltönende, gut sitzende und tiefe Stimme wird von anderen als angenehm wahrgenommen und erzeugt Vertrauen. Zu hohe oder zu tiefe Stimmen schrecken Zuhörer eher ab.

- Viele Redner sprechen stressbedingt zu schnell. Bewusste Pausen helfen dabei, die Stimme ruhig zu halten.

- Wer Vorträge komplett auswendig kann, neigt dazu, mit monotoner Stimme zu sprechen. Verwenden Sie während Ihrer Rede nur Stichworte als Gedächtnisstütze, um Geist und Stimme lebendig zu halten.

- Vermeiden Sie vor öffentlichen Auftritten Nikotin, Alkohol, Kaffee, Milch und Menthol.

Mit Inhalten fesseln

Wer kennt sie nicht? Langweilige Reden, Vorträge und Präsentationen, die eher einschläfern als wachrütteln. Wie aber gelingt es, Themen so aufzubereiten, dass das Publikum gebannt zuhört und mitgerissen wird?

In diesem Kapitel erfahren Sie u.a.,

- wie Sie Ihre Zuhörer in Ihren Bann ziehen,
- warum Sie Geschichten erzählen sollten,
- wie Sie einen Vortrag spannend und lebendig gestalten.

Von Kommunikationsprofis lernen

Bis jetzt haben wir uns vor allem mit der Körpersprache und der Stimme beschäftigt, also mit dem *Wie* eines Auftritts: Wie transportieren wir eine Botschaft mit unserer Körpersprache und unserer Stimme?

Nun kommen wir zu dem, *was* wir dem Publikum vermitteln wollen: zum Inhalt. Was macht einen guten Redner und eine gute Rede aus? Laut dem Verband der Redenschreiber deutscher Sprache (VRdS) sind es folgende Punkte:

- ein klarer Gestaltungsanspruch,
- eine gut verständliche Sprache (keine Schachtelsätze),
- ein dramaturgisch geschickter Aufbau,
- nachvollziehbare Argumente.

Zu den besten Rednern auf den Hauptversammlungen der DAX 30-Unternehmen gehörten 2014 u.a. Norbert Reithofer von BMW und Timotheus Höttges von der Telekom. Neben den oben genannten Punkten haben diese Redner noch weitere Register gezogen:

- Sie waren selbstkritisch,
- sie waren menschlich und
- sie haben eine Brücke zu den Zuhörern geschlagen.

In den folgenden Abschnitten schauen wir uns die Aspekte, die eine Rede zu einer ganz besonderen machen, genauer an.

Die Soße reduzieren

Als Erstes sollten Sie sich darüber klar werden, was der Kern Ihres Vortrages ist. Ohne Kernbotschaft oder Key Message können Sie mit Ihrem Vortrag niemanden erreichen. Sie ist die wichtigste Aussage Ihrer Präsentation. Sie ist kurz, prägnant, griffig. Sie muss so plakativ sein, dass jeder sie sofort versteht.

Beispiel

 Die Firma Apple hat die Kunst der Kernbotschaft perfektioniert: keine Präsentation eines neuen Produktes ohne klare Kernbotschaft. „1000 songs in your pocket" (der erste iPod). „The world's thinnest notebook" (MacBook Air). „Today Apple reinvents the phone" (das erste iPhone). Diese Botschaften sind immer so gehalten, dass die Medien sie auch gleich als Titelzeile übernehmen können – was sie auch regelmäßig tun (mehr zur Präsentationskunst von Apple im Buch von Carmine Gallo, „The Presentation Secrets of Steve Jobs").

Wer eine Kernbotschaft formulieren möchte, muss wissen: Was möchte ich wirklich sagen? Bildlich ausgedrückt müssen Sie wie ein Sternekoch Ihre Soße immer weiter einreduzieren. Die Flut der Inhalte muss so lange eingekocht werden, bis am Ende ein dickflüssiger Sud zurückbleibt, in dem sich das ganze Aroma konzentriert. Diese Urtinktur ist Ihre Kernbotschaft. Wir alle erinnern uns noch an die Urtinktur von Barack Obama, die Formel, mit der er im November 2008 zum ersten Mal Präsident wurde: „Yes, we can".

Anfang und Ende gut – alles gut

Nach der Reduktion müssen Sie eine Klammer vom Anfang zum Ende setzen. Überlegen Sie sich ganz genau, wie Sie Ihren Vortrag anfangen – wie Sie Ihr Publikum also ins Thema ziehen – und wie Sie aufhören. Dabei verhält es sich hier wie in der Luftfahrt: Bei Start und Landung passieren die meisten Unfälle. Einer der ersten TV-Regisseure von Rudi Carrell, der uns in diesem TaschenGuide später noch begegnen wird, sagte einmal: „If you start with shit, you finish with shit." (Wenn du mit Mist anfängst, hörst du mit Mist auf.) Er meinte das bezogen auf Fernsehshows, aber der Grundsatz gilt für Präsentationen aller Art.

Ein gelungener Start

Überlegen Sie sich also genau, womit Sie anfangen wollen. Es sollte etwas sein, das Ihrem Publikum richtig Lust auf Ihren Vortrag macht. Gudrun Frey rät in ihrem Buch „Reden machen Leute" (Metropolitan 2003) zu folgenden „Ohrenöffnern":

- Zeigen Sie den Nutzen Ihres Vortrages.
- Führen Sie Gemeinsamkeiten zwischen sich und Ihrem Publikum auf.
- Thematisieren Sie ein aktuelles Ereignis.

Beispiel

 Nehmen wir an, in Ihrem Vortrag soll es darum gehen, wie Ihre Firma zurück an die Spitze kommt. Ein gelungenes Intro könnte hier sein, dass Sie mit der Projektion eines Bildes beginnen: Man sieht nur einen Berggipfel mit dem obligatorischen Gipfelkreuz oder einer Fahne.

Ein anderes Beispiel, mit dem Sie Aufmerksamkeit erregen: Bevor Sie zu reden beginnen, verteilen Sie verschlossene Umschläge im Zuschauerraum. Ihre Zuhörer werden sich fragen: Was soll das? Was ist da drin? Im Laufe Ihres Vortrages bitten Sie dann die entsprechenden Zuschauer, die Umschläge zu öffnen. Darin können etwa Ihre Kernbotschaften versteckt sein oder Lösungen zu einem Quiz, das Sie im Verlauf der Rede einstreuen.

Eine angenehme Landung

Mindestens genauso wichtig wie der Start ist die Landung, also der Schluss Ihres Vortrags. Aus der Hirnforschung wissen wir, dass das Gehirn in seinem Speicher immer wieder Platz macht für neue Informationen. Deshalb bleibt das Ende einer Präsentation am längsten in Erinnerung, während der Mittelteil schon längst aus unserem Gedächtnis gelöscht ist. Ihr Auftritt kann noch so gut sein – wenn Sie am Ende ins Schlingern geraten, war alles umsonst.

Beispiel

 Wenn Sie mit Worten wie diesen schließen, machen Sie alles kaputt: „Ähhh, ja, also, ich weiß dann auch gar nicht mehr, was ich noch sagen soll. Ich komme dann mal zum Ende."

Legen Sie also bereits *vor* der Präsentation fest, wie Sie aufhören wollen. Enden Sie mit einer Pointe, einem Zitat, einer Aufforderung. Der Schluss muss kernig und knackig sein, er darf nicht verwässert und suppig daherkommen.

Übersicht: Gut anfangen und beeindruckend enden

Der Start

- bereitet die Präsentation vor

- ist überraschend, eckig, kantig, mutig

- setzt den Ton für den gesamten Vortrag

- ist dem Thema angemessen

- passt zum Publikum

- macht Ihren Zuhörern Lust auf das Thema

Grundsätzlich ist alles erlaubt: Zitate, Musik, Gedichte, ein Schweigen, ein Lachen, eine Projektion, ein Bild …

Lassen Sie Ihre Fantasie spielen.

Das Ende

- bildet einen stimmigen Abschluss

- fasst die wichtigsten Argumente noch einmal zusammen

- kann mit einer gelungenen Pointe ausklingen

- wiederholt eventuell noch einmal die Kernbotschaft

Nehmen Sie am Ende Tempo heraus und gehen Sie mit der Stimme runter, sprechen Sie das Satzende also auf Punkt.

Beeindrucken mit der Dreier-Regel

Wie verpacken Sie, das was Sie mitteilen möchten, möglichst ansprechend? Eine Möglichkeit: Sie teilen den Inhalt in drei Teile. Eine Dreierpackung kann unser Gehirn gut verarbeiten. Gleichzeitig haben wir unterschwellig das Gefühl, umfassend informiert zu sein. Vier Teile sind zu viel; bei zwei Infos haben wir das Gefühl, uns wird etwas Wichtiges vorenthalten. Drei passen also genau.

Der Fachausdruck für ein dreigliedriges Satz- oder Wortgefüge ist Trikolon. Es wird eingesetzt, um einer Botschaft Dynamik, Kürze und Prägnanz zu verleihen. Bereits Cäsar nutzte dieses Prinzip in seinen Reden: „Ich kam, ich sah, ich siegte." Auch in der amerikanischen Verfassung wurde es eingesetzt: „Life, liberty and the persuit of happiness". Heute verlassen sich Werbeprofis auf seine überzeugende Wirkung: „Quadratisch, praktisch, gut" (Ritter Sport), „Gut, besser, Paulaner".

Nutzen auch Sie die Dreier-Regel, um den Inhalt Ihrer Präsentation zu strukturieren. Kündigen Sie Ihrem Publikum an: „In meiner Präsentation gehe ich auf drei wichtige Punkte ein: ...." Dann können sich Ihre Zuhörer orientieren und wissen genau, was sie erwartet. Oder Sie bauen die Dreierkombi ganz nebenbei ein: „Lässig, weltoffen, elegant – das neue Design".

Beispiel

 Auch Barack Obama ist ein großer Fan des Trikolons: „Ihr habt dafür gestimmt, dass die Bitterkeit und der Kleingeist und die Wut, die Washington gelähmt haben ...", oder: „Man bekommt wenig Schlaf, wenig Geld, wenig Anerkennung" (vgl. Shel Leanne, S. 74).

In Großbritannien gibt es eine Castingshow der BBC mit dem Titel „The Speaker". In der Show werden keine Superstars gesucht und auch keine Topmodels, sondern Redner. 2009 hat ein Teenager namens Duncan Harris gewonnen. Er war damals 15 Jahre alt – und hat die Dreier-Regel in seiner Gewinnerrede in Perfektion angewandt: „Es gibt nur acht Doktoren, es gibt nur acht Anwälte, es gibt nur acht Karrieren". Oder, nachdem er über Malawi, das „warme Herz Afrikas", gesprochen hat: „Wessen Jobs wird es sein, das Land frei zu halten? Wessen Job wird es sein, Britannien groß zu halten? Wessen Job wird es sein, das Herz warm zu halten?" Seine Rede hat dadurch einen ganz natürlichen Rhythmus bekommen. Wer „Duncan Harris" und „The Speaker" in seine Internet-Suchmaschine eingibt, findet die Rede bei YouTube.

Storytelling: Ihr Publikum liebt Geschichten

Wenn Sie möchten, dass bei Ihren Zuhörern etwas haften bleibt, dann erzählen Sie Geschichten. Zahlen, Daten, Fakten sind Schall und Rauch. Geschichten bleiben. Wenn Sie nach einem Vortrag fragen, was beim Publikum hängen geblieben ist, dann ist es das Persönliche, das Erlebte, es sind die Geschichten.

Beispiel

 Duncan Harris, der Gewinner des Casting-Wettbewerbs, der uns im Abschnitt zuvor bereits begegnet ist, setzte bei seinen Reden auf diesen rhetorischen Kunstgriff: das Storytelling. Er erzählt von einer Reise nach Malawi und davon, welchen Menschen er auf dieser Reise begegnet ist. Dadurch wirkt er sehr persönlich und nahbar.

Der ehemalige Schauspieler und heutige erfolgreiche Business-Trainer Doug Stevenson hat dem Geschichtenerzählen in Vorträgen und Reden ein ganzes Buch gewidmet: „Die Storytheater-Methode". Stevenson schreibt, Geschichten seien wie Brücken; sie schaffen eine Verbindung zu den Zuhörern. Sie machen den Redner glaubwürdig und erzeugen ein Gefühl von Nähe und Gemeinsamkeit. Hierarchien verschwinden Mittlerweile gibt es sogar Trainer, die sich „Storytelling-Coach" nennen und sich darauf spezialisiert haben, anderen Menschen das Geschichtenerzählen beizubringen.

> Wer öffentlich auftritt, ist immer auch ein Geschichtenerzähler.

Ihr eigenes Leben, Ihre eigenen Erfahrungen sind die beste Quelle für Geschichten. Und die müssen gar nicht spektakulär sein. Stevenson schreibt dazu: „Sie müssen nicht den Mount Everest besteigen, Krebs überleben oder eine Goldmedaille gewinnen, um etwas Interessantes zu erzählen zu haben."

Beispiel

 Ich hatte das große Glück, Rudi Carrell kennenzulernen. Wir wohnten im gleichen Hotel in Köln. Ich habe ihn zuerst beim Frühstück gesehen – und mich nicht getraut, ihn anzusprechen. Eine halbe Stunde später standen wir beim Checkout nebeneinander – und ich habe mich wieder nicht getraut, obwohl ich fließend Niederländisch spreche und zu der Zeit sogar in Amsterdam gelebt habe. Es wäre also keine große Sache gewesen, mich mit ein paar Sätzen bei ihm vorzustellen. Im Taxi auf dem Weg zum Bahnhof habe ich mich unglaublich über mich geärgert. Wieso hatte ich nicht einfach Hallo gesagt? Plötzlich tauchte neben dem Taxi an einer Ampel eine Limousine auf. Darin ein Chauffeur und neben ihm: Rudi Carrell. Ich bin auf offener Straße einfach aus dem Taxi gesprungen – die Ampel war noch rot –, habe ans Fenster geklopft und dem verdutzten Fahrer meine Visitenkarte ins Auto geworfen. Noch am selben Abend hatte ich eine Mail von Rudi Carrell im Posteingang. Auf Niederländisch. Betreff: „Man zonder hoofd – Mann ohne Kopf". „Lieber Mann ohne Kopf, aber mit sympathischer Stimme. Wer bist Du?" Er konnte von seiner Position im Auto meinen Kopf nicht sehen. Eine Woche später war ich wieder im Maritim-Hotel – diesmal auf Einladung von Carrell. Und daraus ist ein sehr netter langjähriger Kontakt entstanden.

Warum ich Ihnen diese Geschichte erzähle? Sie ist ein Beispiel für Storytelling. Und ich wette mit Ihnen, dass Sie auch am Ende des Buches noch wissen, wie ich Kontakt mit Rudi Carrell aufgenommen habe. Sie werden dann sehen: Geschichten setzen sich besser im Kopf fest als nackte Fakten.

Stevenson unterscheidet mehrere Formen von Geschichten, die jeweils immer einem bestimmten Grundmuster folgen. Die drei wichtigsten sind die folgenden.

▪ Vignetten	Kurze Anekdoten, die oft in weniger als einer Minute erzählt werden
▪ Glaubwürdigkeitsgeschichten	Erlebnisse anderer Menschen, die durch ihr Verhalten herausragen
▪ Feuerproben und Bewährungen	Sie erzählen davon, wie Sie unglaubliche Hindernisse überwinden mussten

Die Heldenreise

Ein immer wiederkehrendes Grundmuster in Geschichten, die Menschen faszinieren, ist die Heldenreise: Der Held macht sich auf die Reise, muss erst ein Hindernis überwinden, um schließlich sein Ziel zu erreichen. Aus diesen Zutaten sind auch Primetime-Fernsehformate gemacht.

Beispiel

Nach diesem Prinzip funktioniert zum Beispiel die RTL-Sendung „Bauer sucht Frau", die nicht nur in Deutschland, sondern weltweit ein großer Erfolg ist. Bei unseren Nachbarn in den Niederlanden läuft die Sendung seit vielen Jahren unter dem Titel „Boer zoekt vrouw". Der Held ist hier ein Bauer auf der Suche nach der großen Liebe (Ziel). Weil er aber auf dem Lande lebt und den ganzen Tag im Schweinestall verbringt, kann er keine passende Frau kennenlernen (Hindernis).

Oder erinnern Sie sich noch an den übergewichtigen Opernsänger Paul Potts aus der ersten Staffel „Britain's Got Talent", der Urversion von RTLs „Supertalent"? Übergewichtig, schiefe Zähne, eigentlich ein Verlierertyp, mit dem es das Leben bisher nicht gut meinte. Und der sich in der Castingshow auf eine Heldenreise begab, um ganz Europa zu zeigen, wo der Hammer hängt – und danach dank seiner unglaublichen Stimme zum Star wurde. Inklusive Zahnkorrektur, die er sich von seiner ersten Gage gönnte.

Die zwölf Phasen der Reise

Wer sich von den großen Geschichtenerzählern unserer Zeit inspirieren lassen möchte und verstehen will, wie Hollywood aus Heldenreisen Blockbuster macht, kommt nicht an dem Mythologie-Experten Joseph Campbell und seinem Buch „The hero with a thousand faces" (Pantheon Books, New York

1949) vorbei. Regisseure wie Steven Spielberg berufen sich auf Campbell, aber auch Musiker wie Bob Dylan oder Jim Morrison.

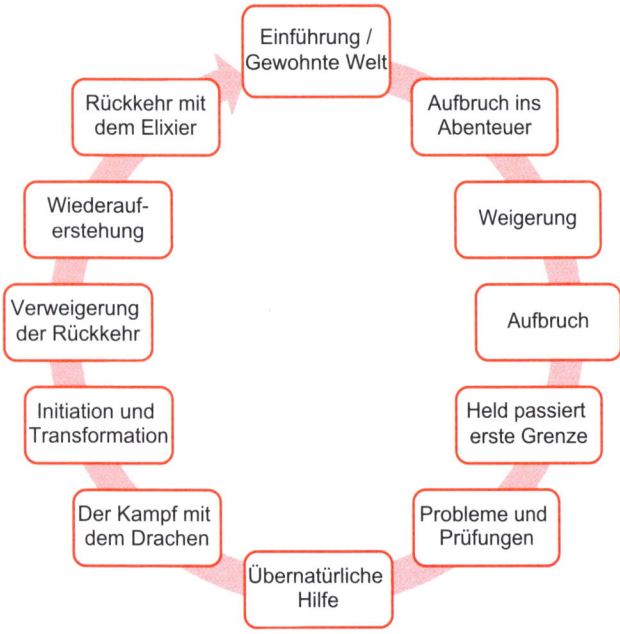

Die Heldenreise

Nach Campbell hat eine Heldenreise immer zwölf Phasen:

1 Einführung/Gewohnte Welt: Der Held wird in seinem bisherigen Leben, in seiner normalen Umgebung gezeigt, so z. B. Luke Skywalker, der sich in seinem Alltag als Farmer zu Tode langweilt.

2   Der Aufbruch zu einem Abenteuer: Der Wecker klingelt – manchmal sogar tatsächlich und nicht im übertragenen Sinne, wie z.B. bei Neo im ersten Teil der Matrix-Trilogie, als er eine Mail von Morpheus bekommt: „Wach auf, Neo!", oder wie im Buch „Der Herr der Ringe", wenn Gandalf ins Auenland reist und Frodo der Ruf ereilt, den Ring der Ringe zu beschützen, oder noch mal zurück zu Luke Skywalker: Prinzessin Leia erscheint als Hologramm mit einem Hilferuf.

3   Weigerung: Der Held will seine Aufgabe noch nicht annehmen. Der Wecker hat zwar geklingelt, man drückt aber noch mal auf den Knopf, um weiterzuschlafen. Luke will sich nicht auf die Reise machen, sondern kehrt zu seinen Eltern zurück, die aber inzwischen von Truppen des Imperiums umgebracht wurden. Ein klassisches Hollywood-Thema: Der Profi-Einbrecher im Ruhestand soll noch einen allerletzten Job erledigen und sträubt sich zunächst mit Händen und Füßen dagegen. Im Englischen gibt es für Filme dieses Inhalts den Ausdruck „One last Job Movies".

4   Aufbruch: Der Held gibt die inneren Widerstände auf und macht sich auf die Reise – oft, nachdem er von einem Mentor wie etwa Obi Wan Kenobi dazu ermutigt wurde.

5   Der Held passiert die erste Grenze: Hier erreicht er das erste Mal die neue Welt, in der die Geschichte spielt: die Romanze beginnt, das Raumschiff hebt ab …

6   Probleme und Prüfungen: Die ersten Hürden tauchen auf und müssen überwunden werden. In Star Wars kommt es zu ersten Kämpfen mit imperialen Schiffen.

7   Übernatürliche Hilfe: In dieser Phase trifft der Held auf einen Mentor, der Ratschläge gibt und ihn trainiert. Ich denke hier immer zunächst an Mr. Miyagi, der den jungen Daniel LaRusso im Film „Karate Kid" in der Kunst der Selbstverteidigung trainiert.

8   Der Kampf mit dem Drachen: Diese Phase symbolisiert eine besonders schwere Prüfung, so z.B. der Kampf mit dem Drachen, der im übertragenen Sinn auch ein Kampf gegen sich selbst und die eigenen Ängste sein kann.

9   Initiation und Transformation: Der Held erhält als Lohn für seine Mühen einen Schatz oder ein Elixier. Es kann sich hierbei um einen Gegenstand handeln wie ein magisches Schwert oder auch um eine Erfahrung oder Einsicht.

10 Verweigerung der Rückkehr: Der Held zögert in seinen Alltag zurückzukehren.

11 Wiederauferstehung: Der Held kommt noch einmal in große Gefahr, realisiert aber, wie er sich in seinem Inneren verändert hat.

12 Rückkehr mit dem Elixier: Äußerlich hat sich nichts verändert: Haus, Familie, Umgebung – alles ist gleich geblieben. Aber im Inneren des Helden ist nichts mehr, wie es war. Nun muss das neue Wissen in den Alltag integriert werden.

Krieg der Sterne, Matrix, Harry Potter – wie Sie sehen, bedient sich Hollywood ganz oft des Modells der Heldenreise, um Geschichten zu erzählen. Diese Geschichten funktionieren so gut, weil die meisten von uns im Inneren den tiefen Wunsch haben, sich auch auf eine Heldenreise zu begeben. Wir wollen uns verändern und aus unserem Alltag ausbrechen. Die meisten Menschen haben nur nicht den Mut, diesen Wunsch in die Tat umzusetzen. Dennoch – oder gerade deshalb – sind wir sehr empfänglich für Heldenreisen in Filmen und Büchern. Hier können wir die Reise miterleben, ohne selber aktiv zu werden und ein Risiko eingehen zu müssen. Was in Hollywood funktioniert, kann auch in Ihrer Präsentation funktionieren. Erzählen Sie also Geschichten nach dem Schema einer Heldenreise.

Die „richtige" Geschichte

In Ihrem Leben haben Sie unzählige erzählenswerte Geschichten erlebt. Welche davon eignet sich für eine Präsentation? Um andere zu überzeugen, sie auf Ihre Seite zu ziehen, bieten sich besonders solche Storys an, die Anderen unser Verhalten nachvollziehbar machen, die uns sympathisch machen. Das sind nicht unbedingt Geschichten, die uns auf einen Sockel stellen, sondern solche, die uns als ganz normale Menschen zeigen, menschlich eben.

Beispiel

 Elizabeth Gilbert ist die Autorin des Bestsellers „Eat Pray Love", der mit Julia Roberts in der Hauptrolle auch verfilmt wurde. Seit ihrem großen Erfolg ist Frau Gilbert eine gefragte Vortragsrednerin. Zum zehnten Geburtstag des „Oprah Magazines" der US-Talkmasterin Oprah Winfrey hielt sie eine Rede, die von der ersten bis zur letzten Zeile aus Storytelling bestand. Die Geschichte handelt davon, wie sie in San Francisco auf einen Flug nach Santa Barbara wartete. Sie war dort als Vortragsrednerin engagiert und war zur Sicherheit viereinhalb Stunden vor dem Abflug am Flughafen. Gedankenverloren saß sie am Gate, dachte über Weihnachtsgeschenke nach – und verpasste schließlich ihren Flug. Und das, obwohl sie nur wenige Meter neben dem Eingang saß und ihr Name mehrfach aufgerufen wurde. Ihr Flug nach Santa Barbara war also weg und es gab keine Chance, noch rechtzeitig zu ihrem Vortrag dort zu sein. Elizabeth Gilbert rief also die Organisatorin in Santa Barbara an, um ihr die schlechte Nachricht zu überbringen. Gemeinsam fanden sie eine Lösung: Frau Gilbert musste im Dauerlauf zu einem anderen Gate rennen, um einen Flug nach Los Angeles zu erreichen und zeitgleich würde die Organisatorin mit dem Auto ebenfalls nach L.A. rasen, um sie dort abzuholen und dann gemeinsam zum Auftritt zu fahren. Gilbert: „Es war mir sehr unangenehm, aber ich wurde zu einer Bürde für diese Dame und Sie können sich vorstellen, dass es eine äußerst angespannte Autofahrt wurde". Und zu allem Unglück fiel Frau Gilbert im Auto noch auf, dass sie ihre Aufzeichnungen für die Rede bei der ganzen Hektik verloren hatte. In letzter Minute hastete sie auf die Bühne, ohne ihre Papiere, um vor einem großen Publikum, das eine Menge Geld gezahlt hatte, eine Rede zu halten, zum Thema: „Wie ich mein Leben perfekt organisiere".

Die Rede ist gespickt mit Lachern aus dem Publikum und man kann die Sympathien förmlich spüren, die Elizabeth Gilbert zufliegen. Warum funktioniert diese Rede so gut? Weil diese Geschichte aus der Erfolgsautorin mit über zehn Millionen verkauften Buchexemplaren einen Menschen wie Du und ich macht. Eine von uns. Weil wir alle schon einmal unter blöden Umständen unseren Flug verpasst haben oder in den falschen Zug gestiegen sind, um das erst viel zu spät zu merken. In einem Interview erzählte sie die Geschichte, wie sie in Rom am Set von „Eat Pray Love" Julia Roberts kennengelernt hat und wie ein kleines Mädchen kein Wort herausbrachte. So wie wir alle wahrscheinlich kein Wort herausbrächten, wenn wir Julia Roberts träfen. Gleicher Effekt.

Auch der Apple-Mitbegründer Steve Jobs war ein Meister des Geschichtenerzählens. In seiner legendären Rede an der Elite-Universität Stanford im Jahr 2005 sagte er den Absolventen: „Ich möchte euch heute drei Geschichten aus meinem Leben erzählen. Kein großes Ding. Nur drei Geschichten."

Ist es Ihnen aufgefallen? Er erzählt nicht zwei Geschichten oder vier, sondern drei (siehe hierzu das Kapitel „Beeindrucken mit der Dreier-Regel"). Die erste handelt davon, wie er von seiner leiblichen Mutter zur Adoption freigegeben wird. Die Adoptiveltern bekommen als Auflage, dass sie den jungen Steve auf jeden Fall zur Uni schicken müssen, obwohl sie das Geld dazu eigentlich gar nicht haben. Steve Jobs bringt an der Uni die kompletten Ersparnisse seiner Adoptiveltern durch, um das Studium am Ende abzubrechen. Während des Studiums belegt er aber einen Kalligraphie-Kurs, der später die Grundlage sein soll für die Schrifttypen des ersten Macintosh. Alles ergibt also doch einen Sinn, obwohl es überhaupt nicht danach aussieht. In der zweiten Geschichte geht es darum, wie er 1985 aus seiner eigenen Firma geworfen wird, um später zurückzukehren und Apple zu dem zu machen, was es heute ist. Und die dritte Geschichte handelt von seiner Krebserkrankung. Die ganze Rede besteht einfach aus drei sehr persönlichen Geschichten. Nicht mehr und nicht weniger.

Dazu achtet er genau auf Start und Landung: Als Ohrenöffner benutzt er einen „Eisbrecher", indem er den Stanford-Absolventen zuruft: „So nah wie heute war ich einem Uniabschluss noch nie". So hat er gleich die Lacher und die Sympathien auf seiner Seite. Und die Landung? Steve Jobs beendet seine Rede mit einem Zitat, das er in den 1970er-Jahren auf der Rückseite einer Design-Zeitschrift gefunden hatte: „Stay hungry, stay foolish" – bleibt hungrig, bleibt verrückt. Abgang. Applaus. Besser kann man eine Landung nicht umsetzen.

Auch Obama wird in seinen Reden immer persönlich und schafft es so, dass sein Vortrag selbst aus großer Entfernung wie ein Vier-Augen-Gespräch wahrgenommen wird. Wie in seiner Rede am Wahlabend im November 2008, in der er es schaffte, die perfekte Verbindung zu schaffen zwischen seinen Wahlkampfthemen und persönlichen Geschichten. Er erzählte von Ann Nixon Cooper, einer Schwarzamerikanerin, die im zarten Alter von 106 Jahren wählen gegangen war – mit dem festen Willen, etwas zu verändern (vgl. Shel Leanne).

Wie eine Geschichte entsteht

Um eine Geschichte für eine Präsentation aufzubereiten, bietet sich ein Vier-Punkte-Plan an, der von Doug Stevenson stammt.

In vier Schritten zur Geschichte
1. Schreiben Sie alles auf, was Ihnen in den Sinn kommt, ganz spontan, ohne Struktur.
2. Streichen Sie alles, was nicht nötig ist, um die Geschichte zu verstehen.
3. Fügen Sie Details hinzu, die der Geschichte eine Seele geben.
4. Gehen Sie die Geschichte noch einmal durch und überlegen Sie sich, wie Sie die Geschichte erzählen wollen.

Stellen Sie sich mit einer Geschichte vor

Zu vielen Anlässen, z.B. in Seminaren, bei Meetings, bei Castings, auf Konferenzen, werden die Teilnehmer gebeten, sich zunächst selbst vorzustellen. Das kann man machen, indem man seinen Lebenslauf herunterbetet: Zahlen, Daten, Fakten. Davon bleibt bei den anderen jedoch mit Sicherheit nichts hängen. Wer aber als Vorstellung eine Geschichte erzählt, auch wenn es nur eine kurze Anekdote ist, und sich so als Mensch zu erkennen gibt, der bleibt in Erinnerung – und hat damit gleich den ersten Punkt gemacht.

Sprachbilder und Analogien

Beispiel

 Der 62-jährige Ruud van Marion hat einen ungewöhnlichen Beruf. Er denkt sich Quizfragen fürs Niederländische Fernsehen aus, die dann in Sendungen wie „Wer wird Millionär?" gestellt werden. In der Zeitung „NRC Weekend" (Ausgabe vom 20./21. Juli 2013, Seite 23) erklärt van Marion, wie eine gute Quizfrage sein muss: „Eine gute Frage ist wie ein Brühwürfel: komprimiert, voller Informationen, und sie muss vor allem Aroma haben".

Was van Marion mit diesem Satz zum Besten gegeben hat, ist die Königsklasse der Rhetorik: Er zieht Analogien. Das sind Sprachbilder, die von einer Welt auf eine andere übertragen werden, um so deutlich zu machen, worum es geht, ohne es lange erklären zu müssen.

Analogien sind äußerst bekömmlich für unser Gehirn und setzen sich sofort fest. Jedenfalls, wenn es sich um eine gute

Analogie handelt. Eine gute Analogie ist stark, prägnant, passend, und das verwendete Bild ist nicht abgegriffen. „Der Tropfen auf den heißen Stein", ist keine gute Analogie, da schon viel zu oft in allen möglichen Zusammenhängen verwendet. Abgegriffen eben.

Unser Gehirn ist für Bilder sehr empfänglich; für echte Bilder wie auch für Sprachbilder. Deshalb arbeiten Politiker, Wirtschaftsbosse und Journalisten sehr gezielt und bewusst mit ihnen, um ihre Botschaft deutlich zu machen.

Beispiel

Dass Bilder in der Kommunikation wirken, weiß man in Kanada schon lange: 2001 wurden dort Horrorbilder auf Zigarettenpackungen eingeführt: verfaulte Zähne, schwarze Lungen, sogar Leichen. Mit dem Ergebnis, dass 90 % der kanadischen Jugendlichen bei Befragungen angeben, Rauchen sei für sie nicht mehr so attraktiv. 40 % der ehemaligen Raucher sagen, die schockierenden Bilder hätten ihnen geholfen, mit dem Rauchen aufzuhören.

Die Organisation Greenpeace setzt bei jeder Kampagne ebenfalls sehr bewusst auf die Macht der Bilder. In den 1980er Jahren haben Greenpeace-Aktivisten strahlend weiße T-Shirts in Hamburg in die Elbe geworfen, die sie dann an anderer Stelle grün und blau wieder herausgefischt haben. Dies taten sie, um bildhaft zu zeigen, wie dreckig die Elbe damals war, und dass dringend etwas passieren musste. Greenpeace hätte auch eine Pressekonferenz einberufen können, um dort Laborergebnisse zu verlesen oder dicke Aktenordner mit Text zu verteilen. Stattdessen hat man sich für das T-Shirt-Bild entschieden, das die Medien dann aufgegriffen haben. Und plötzlich war jedem klar: Wenn die Elbe so dreckig ist, dann muss wirklich etwas passieren. Und so war es dann auch.

> Setzen Sie auf die Macht sprachlicher und realer Bilder, wenn Sie Ihre
> Zuhörer erreichen wollen.

An der Zürcher Hochschule für Angewandte Wissenschaften (ZHAW) arbeite ich seit einigen Jahren als Dozent im Journalistik-Studiengang. Spezialgebiete: Statement und Interview. Zum Thema Statement werden die Studenten auch mündlich geprüft. Vor der Kamera muss zu einem vorgegebenen Thema ein sekundengenaues Statement gegeben werden. Eines der Kriterien auf dem Bewertungsbogen ist ein frisches, nicht abgegriffenes Sprachbild, eine Analogie. Hier können die Studenten punkten. Kein Bild oder langweilige Konserven-Analogien wie der „Tropfen auf dem heißen Stein" führen zu einem Punktabzug. Punkten auch Sie in Ihrer Präsentation, indem Sie (komplizierte) Zusammenhänge vereinfachen und als starkes Bild darstellen.

Beispiel

Eine Autorin der „Zeit" verwendet in einer Reportage zum Thema Internet-Dating diese wunderbare Analogie: „Spätabends, gegen 22 Uhr stand ein Mensch in meiner Münchener Wohnung, dessen reale Erscheinung mit meiner Selbstbeschreibung im Internet so viel zu tun hatte wie der begrünte Mittelstreifen einer Autobahn mit den Gartenanlagen von Schloss Sanssouci". *(Klick Dich ins Glück, „Die Zeit" vom 26.07.2012)*

Zur Eurokrise ebenfalls in der „Zeit": „Es ist die Stille, die am meisten irritiert. Kein öffentlicher Aufschrei, keine flammende Rede. Nichts. In einem voll besetzten Flugzeug, sagt man, ist der Moment größter Gefahr auch der Augenblick größter Ruhe. Wenn die Triebwerke ausgefallen sind und das Flugzeug nur noch segelt. Wenn kein Motorengeräusch den Gleitflug stört. Wenn die Passagiere an Bord noch nicht gemerkt haben, was sie erwartet. Dann ist es ganz still. Und die Katastrophe ganz nah.

So ist es in diesen Tagen auch mit dem Euro". *(Abschied vom Süden, „Die Zeit" vom 26.07.2012)*

Im März 2013 hatte der „Spiegel" einen Titel zur Gefahr in unserem Essen: „Die Suchtmacher". Eigentlich müsse die Nahrungsmittelindustrie daran mitarbeiten, unser Essen gesünder zu machen, aber: „Die Hoffnung darauf, dass die Konzerne freiwillig gesündere Produkte auf den Markt brächten und sich um Wohl und Body-Mass-Index der Konsumenten sorgten, sei etwa so als würde man Einbrecher damit beauftragen, Türschlösser zu installieren". *(Die Menschen-Mäster, „Der Spiegel" vom 03.03.2013)*

Übung macht den Meister. Probieren Sie die Sache mit den Sprachbildern am besten selber aus.

Übung: Analogien finden

Finden Sie Analogien für folgende Fälle:

1   Als Manager wollen Sie Ihren Mitarbeitern sagen, dass es für die Firma schwere Zeiten sind, die Probleme aber zu bewältigen sind, wenn alle gemeinsam anpacken.

2   Als Finanzexperte wollen Sie erklären, wieso es für den Euro schädlich ist, wenn die Europäische Zentralbank (EZB) die Zinsen dauerhaft niedrig hält und billiges Geld druckt.

Lösungsvorschlag: Hier bieten sich z.B. folgende Analogien an:

- **zu 1:** Ein Schiff fährt bei stürmischer See. Doch wenn das Schiff solide konstruiert und die Mannschaft erfahren ist, gelingt es, trotz aller Gefahren das Kap der Guten Hoffnung zu erreichen und von dort ruhig und sicher wieder nach Hause zu kommen.

- **zu 2:** Einem Alkoholiker wird nicht geholfen, wenn man ihm weiter Alkohol gibt und die Dosis sogar noch erhöht. Das lindert die Symptome nur sehr kurzfristig, das Problem wird aber nicht gelöst. Die Alkoholsucht bleibt bestehen.

Checkliste: Analogien

- Passt mein Sprachbild wirklich zum Inhalt?
- Versteht jeder sofort, worum es geht?
- Ist das Bild frisch und nicht abgegriffen?

Die sanfte Stichwortmethode

Im Kapitel „Wider die Monotonie" habe ich davon abgeraten, bei Präsentationen jeden Satz auszuschreiben und dann vorzutragen. Die Gefahr ist sonst groß, dass die Präsentation vorgelesen und nicht frei erzählt wird. Und eine Vorlesung ist keine lebendige Kommunikation. Die Veranstaltungen von Professoren an der Uni, die im wahrsten Wortsinne eine Vor-*lesung* halten, zeichnen sich vor allem dadurch aus, dass die Studenten nach wenigen Minuten einschlafen oder auf dem Smartphone herumspielen. Professoren, die begeistern, leben und lieben ihr Thema und lösen sich vom Skript.

Was aber tun, wenn man sich nicht alles aufschreiben soll? Nur ein paar Stichworte auf einer Karte können dazu führen, dass man die Hälfte vergisst oder den Faden verliert. Bewährt hat sich deswegen eine „sanfte" Stichwortmethode. Sanft deshalb, weil noch recht viele Informationen auf dem Zettel stehen, aber nicht genug, um ins Ablesen zu kommen. Ich zeige Ihnen das Prinzip anhand einer Radio-Moderation. Die Methode funktioniert aber mit Präsentationen aller Art.

Heute	1. Advent	wir	Sie mitnehmen	
				Weihnachtsbummel
Rüber schalten			Reporter:	Daniel Köster
Der sein:		auf	Waldbröler Weihnachtsmarkt	
Normalerweise:	festlich beleuchtet			sein.
	viele	Lämpchen,	Lametta	
Diesmal nicht				
Denn:	In Krise:		an Weihnachtsschmuck sparen	
Daniel, wie sieht denn die Spardekoration genau aus?				

Zunächst einmal fallen die großen Abstände auf – sie müssen auch sein, damit sich das Auge orientieren und immer wieder in den Text einfädeln kann. Unbedingt müssen auf dem Zettel die folgenden Infos stehen:

- Zahlen, Daten, Fakten und Namen, wie im Beispiel derjenige des Reporters

- Verben in der Infinitiv-Form: In der freien Rede fehlen uns am häufigsten die Verben. Der Infinitiv beugt dem Ablesen vor und schaltet das Gehirn beim Sprechen ein.

- Der letzte Satz

Dass Sie die Technik richtig anwenden, erkennen Sie daran, dass es beim wörtlichen Vorlesen nach sehr merkwürdigem Deutsch klingt. Das ist gewollt. Man braucht etwas Übung für die sanfte Stichwortmethode, aber dann spart man jede

Menge Zeit, weil der Text auf diese Weise viel schneller fertig ist, als wenn man an jeder Formulierung feilt.

> Es kommt beim freien Sprechen nicht auf die perfekte Formulierung an. Es geht darum, lebendig in seiner eigenen Sprache zu sprechen.

Wenn schon PowerPoint, dann richtig

Sparen Sie Zeit und verzichten Sie, wann immer es möglich ist, auf PowerPoint-Präsentationen. Barack Obama steht auch nicht am Beamer oder Overheadprojektor, wenn er die Menschen begeistern möchte. Wer unbedingt mit Präsentationsprogrammen arbeiten will, der werfe Textballast über Bord. Generell gilt bei Präsentationen: Weniger ist mehr. Präsentieren heißt nicht informieren. Informiert wird schriftlich; wer präsentiert, muss weglassen und vereinfachen.

Wenn sich eine Präsentation mit Folien nicht vermeiden lässt, sollten Sie die folgenden Regeln beachten.

1 Überfrachten Sie Ihre Slides nicht: Ein klassischer Fehler vieler Vortragenden – die einzelnen Folien der Präsentation werden mit einer Flut von Zahlen, Daten, Fakten förmlich zugekleistert. Niemand findet sich mehr zurecht. Und jeder im Zuschauerraum fängt an, auf den Slides zu lesen, um zu begreifen, was da so alles geschrieben steht. Die Folge: Die ganze Aufmerksamkeit richtet sich auf die Folien, der Kontakt zum Publikum bricht ab. Und ganz

nebenbei ist es äußerst ermüdend, die vielen Ausführungen in Minischrift mitzulesen.

2   Lesen Sie nie ab, was auf Ihren Slides steht: Das ist der zweite klassische Fehler – der Vortragende liest 1:1 ab, was auf den Folien steht. Der Vortrag gerät zur langweiligen Vorlesung. Auf diese Weise haben Sie spätestens nach der dritten Folie die meisten Zuschauer verloren.

3   Keine komplizierten Grafiken und Charts: Bevor Ihr Publikum begriffen hat, welche Aussage in der Grafik versteckt ist, sind Sie schon drei Folien weiter – und verwirren auf diese Weise Ihre Zuhörer.

4   Werfen Sie Ballast ab: Schreiben Sie nur das allerwichtigste auf Ihre Folien. Notieren Sie dort nur ein paar markante Aspekte, die Ihnen als Wegweiser dienen und an denen sich Ihr Publikum orientieren kann.

5   Nutzen Sie die Macht der Bilder: Ein Bild sagt mehr als tausend Worte. Haben Sie den Mut Dinge wegzulassen. Stattdessen erzählen Sie und nicht die Folie, welche Geschichte hinter einem Bild steckt.

6   Arbeiten Sie mit Zitaten: Sie sind der perfekte Einstieg in ein Thema. Ein Zitat („Ich glaube an ein Leben vor dem Tod") und zusätzlich noch der Urheber des Zitats, wenn es nicht von Ihnen ist, reichen, um die Zuschauer in ein Thema zu ziehen. Auch hier gilt wieder: Erzählen *Sie* die Geschichte dazu.

Checkliste: PowerPoint-Präsentation

- Ich nutze die Folien nur, weil es unbedingt nötig ist.

- Ich habe so wenig Slides wie möglich.

- Auf jeder Folie steht so wenig wie möglich und nur so viel wie nötig.

- Ich kann auf keine Folie verzichten.

- Jede Folie versteht man innerhalb von 5 Sekunden.

Auf einen Blick: Mit Inhalten fesseln

- Ohne Kernbotschaft geht es nicht. Sie ist das Fundament Ihrer Rede. Reduzieren Sie Ihre Inhalte auf die Quintessenz dessen, was Sie Ihrem Publikum mitteilen möchten.

- Anfang und Ende gut – alles gut. Ein gelungener Einstieg und ein knackiges Ende sind das A und O eines erfolgreichen Vortrags.

- Versierte Rhetoriker nutzen die Dreier-Regel. Sie fasst in drei Schritten bzw. Sätzen Dinge zusammen, bringt Dynamik in eine Rede und gibt ihr eine Botschaft.

- Unser Gehirn liebt Geschichten. Sie bleiben auch dann in Erinnerung, wenn wir Zahlen und Fakten bereits wieder vergessen haben. Werden Sie also zum Geschichtenerzähler!

- Setzen Sie auf starke Analogien. Sie aktivieren das Gehirn Ihrer Zuhörer.

- Wer Inhalte vorliest, langweilt sein Publikum. Intelligent verwendete Stichwörter helfen dabei, lebendig vorzutragen und trotzdem nichts zu vergessen.

Positiv in Erinnerung bleiben

Es gibt Menschen, an die wir uns gerne erinnern, die uns beeindrucken. Andere sind dagegen schnell vergessen. Doch was macht den Unterschied aus? Wie schafft man es, andere für sich einzunehmen? Wie bleibt man als starke Persönlichkeit, als „Typ" in Erinnerung?

In diesem Kapitel erfahren Sie u. a.,

- warum es sich lohnt, Ecken und Kanten zu zeigen,
- wie Sie Ihr Publikum mit Selbstbewusstsein überzeugen,
- warum Zuhören meist besser als Reden ist.

Die Kunst, nicht „Teflon" zu sein

Körpersprache, Stimme, Rhetorik sind technische Ansätze, um den eigenen Auftritt zu verbessern. Aber wie bleibt man als „Typ" in Erinnerung? Wie zeigt man sich als eine Persönlichkeit mit Ecken und Kanten, an die andere sich gerne erinnern, die sie gerne noch einmal treffen würden?

Beispiel

 Anfang 2013 habe ich sechs Wochen in Asien verbracht und mir in Bangkok eine Wohnung gemietet. Ein alter Freund, ein Banker aus London, besuchte mich und wollte sich bei der Gelegenheit einen Anzug maßschneidern lassen. Also haben wir eine ganze Reihe Schneider an der Sukhumvit Road abgeklappert; dort gibt es eine ganze Reihe von Maßschneidern. Wir gingen in einen Laden nach dem anderen, aber der Freund war nicht überzeugt – bis wir das Geschäft von Bobby fanden. Bobby, der Eigentümer, ist ein Inder mit prächtigem Rauschebart und blitzenden Augen unter einem riesigen schwarzen Turban. Er kam direkt auf uns zu, schüttelte unsere Hände, wollte wissen, woher wir kommen, begrüßte mich auf Deutsch, meinen Freund auf Englisch und stellte sofort eine Verbindung zu uns her. Um die Geschichte hier abzukürzen: Mein Besuch kaufte bei Bobby zwei Anzüge und ließ sich außerdem drei Hemden maßschneidern. Bobby taucht bis heute immer wieder in unseren Gesprächen auf und sorgt auch diese lange Zeit später immer noch für ein Lächeln auf unseren Gesichtern.

Der Schneider aus dem Beispiel hat von uns den Spitznamen „Sticky Bobby" bekommen, also sozusagen „Bobby, der Klebrige". Weil er bei uns kleben oder haften geblieben ist. Weil er nicht „Teflon" ist. Eine Teflon-Pfanne kennen wir alle: Spiegelei rein, braten, Spiegelei flutscht ohne anzuhaften, ohne Rückstände wieder aus der Pfanne. Beim Braten ist das ein toller Effekt, im Umgang mit anderen Menschen weniger. Leider hinterlassen jedoch auch in der Kommunikation, im täglichen Leben viele Menschen keine Rückstände. Man trifft sie, redet mit ihnen und kurz danach hat man sie schon wieder vergessen.

Was hatte Bobby anders gemacht als die vielen anderen Schneider an der Sukhumvit Road in Bangkok? Wie bleibt man nachhaltig in Erinnerung?

Aufmerksamkeit

Schenken Sie Ihren Gesprächspartnern Ihre volle Aufmerksamkeit. Aufmerksamkeit wollen wir alle gerne und bekommen sie doch viel zu wenig. Jemand, der uns seine volle Aufmerksamkeit schenkt, sticht darum aus der Masse heraus. Malcom Forbes, Gründer des legendären „Forbes Magazine", hat es so ausgedrückt: „Aufmerksamkeit ist für Menschen, was für Pflanzen der Dünger ist." Der Schneider Bobby hat uns das Gefühl gegeben, ihm in diesem Moment wirklich wichtig zu sein. Mehr noch: Wir waren in diesem Moment in seinem Laden das Allerwichtigste.

Ehrliches Interesse

Zeigen Sie dem anderen, dass Sie ehrlich an ihm, seinem Anliegen und Hintergrund interessiert sind. Stellen Sie Ihrem Gegenüber viele Fragen. So zeigen Sie Interesse und nebenbei gelangen Sie so an Informationen zum anderen, die Sie wiederum einsetzen können, um individuell auf ihn einzugehen und selbst auch persönlicher zu wirken.

Energie

Menschen, die genauso müde und lustlos sind wie wir selber, interessieren uns nicht. Sie wirken negativ und es gibt davon viel zu viele. Wer selber Energie braucht, kommt nicht an. Denn niemand braucht jemanden, der selbst braucht. Bobby hat Energie gegeben. Er war unglaublich wach und energiegeladen – zu sehen an seinen blitzenden Augen.

Optik

Turban, enormer Rauschebart, fröhliche dunkle Augen: Bobby hat eine unverwechselbare Optik. Wir würden ihn unter 1.000 Schneidern sofort erkennen. Vielleicht haben auch Sie ein besonderes Merkmal, etwas, das Sie unverwechselbar macht? Ein Einstecktuch, einen ungewöhnlichen Schnauzbart, bunte Socken zum klassischen Anzug, einen außergewöhnlichen Ring? Die Optik leitet uns zum letzten Punkt, dem Profil.

Profil

Menschen wie Bobby haben ihr eigenes, unverwechselbares Profil. Sie stehen hundertprozentig zu sich selber, ihrer Optik, ihrer Persönlichkeit und wirken dadurch auf uns authentisch und echt. Sie sind eben echte Originale. Für Sie heißt das: Seien Sie mit sich im Reinen, verstecken Sie Ihre Macken nicht, stehen Sie zu Ihren Schwächen.

Auf die wichtigsten Punkte, um bei anderen einen nachhaltigen, positiven Eindruck zu hinterlassen – Aufmerksamkeit, ehrliches Interesse und Profil – gehe ich in den folgenden Abschnitten noch näher ein.

Hören Sie zu!

Beispiel

Louise, eine Freundin von mir aus Amsterdam, ist freischaffende Friseurin. Als sie sich selbstständig machte, hat sie ihre Kunden gefragt, was sie in den meisten Friseursalons stört – was sie also in ihrem Salon besser machen könne. Die Antwort der Kunden: Sie wollen Aufmerksamkeit und dass man ihnen zuhört und ihre Wünsche wirklich versteht.

Das Beispiel passt zu einer Studie, die in den Niederlanden unter Patienten praktischer Ärzte durchgeführt wurde. Die Frage war, wie sich die Verordnung bestimmter Medikamente und deren Dosis auf die Genesung der Patienten auswirkte. Die überraschende Erkenntnis: Es war völlig egal, welches Präparat der Arzt verordnet hatte, und in welcher Dosis. Es ging denjenigen Patienten signifikant besser, die das Gefühl hatten, dass ihr Arzt ihnen wirklich zuhört und ein ehrliches Interesse daran hat, ihr Problem zu lösen.

Dieses Phänomen erklärt auch den Erfolg von Heilpraktikern und anderen Heilern, mögen sie auch noch so exotisch sein. Diese Menschen nehmen sich mehr Zeit, ihren Patienten wirklich zuzuhören, und legen damit schon den entscheidenden Grundstein für die Genesung. Die Therapie selbst ist dann oft eher zweitrangig: der klassische Placebo-Effekt.

Beispiel

Ein guter Freund aus Hamburg erzählte mir, dass er seit langer Zeit mal wieder beim Arzt war – und auf ganzer Linie enttäuscht wurde. Die Ärztin sei nur damit beschäftigt gewesen, seinen Fall zu dokumentieren und Ziffern in ihren Computer zu tippen, um später mit der Krankenkasse abrechnen zu können. Er hatte nicht das Gefühl, dass sie an seinem Problem sonderlich interessiert war.

Wer anderen nicht zuhört und ihnen damit nicht die nötige Aufmerksamkeit zollt, erzeugt Frustration. Nutzen Sie Ihre Chance, sich positiv abzuheben, und hören Sie anderen aufmerksam zu. Der klassische Fehler ist zu hören ohne zuzuhören, also während jemand redet, mit sich selber beschäftigt zu sein, mit seinen eigenen Gedanken. Wirkliches Zuhören heißt, sich in den Gesprächspartner hineinzuversetzen und nicht nur auf den Inhalt zu achten, sondern auch auf das, was zwischen den Zeilen gesagt wird. Hierbei hilft es, die Methode des aktiven Zuhörens, die vom Psychologen Carl R. Rogers begründet wurde, anzuwenden. Wer aktiv zuhört:

- hält Blickkontakt und zeigt durch seine Körpersprache, dass seine volle Konzentration dem anderen gilt,

- hört seinem Gegenüber aufmerksam zu und lässt ihn ausreden,

- bestätigt seinem Gesprächspartner, dass er zuhört, mit kurzen Äußerungen wie z. B. „hmm" oder Gesten wie z. B. einem Kopfnicken,

- fragt bei Unklarheiten nach,

- wiederholt das Geäußerte in eigenen Worten, um sicher zu gehen, dass er den anderen verstanden hat.

Beispiel

 Zurück zum Schneider Bobby: Er spult in seinem Laden kein Standardprogramm ab, er versucht nicht jedem Kunden die gleichen drei Anzugmodelle aufzuschwatzen. Er hört zu und möchte wissen, was die Kunden wirklich wollen. Und genau das fertigt er dann in guter Qualität. Das zahlt sich aus: Mittlerweile ist Bobby bekannt. Angeblich ließ sich auch Bill Clinton bei ihm einen Anzug machen. Clinton wiederum ist selber ein Meister darin, anderen Menschen das Gefühl zu geben, in dem Moment, in dem er mit jemandem spricht, nur für diese eine Person da zu sein. In diesem Moment der persönlichen Kommunikation gibt es nichts Wichtigeres für ihn. Menschen, die Clinton persönlich getroffen haben, sehen darin das größte Geheimnis seines Charismas.

Viele Menschen neigen dazu, nur über sich und ihre Anliegen zu reden. Sie erkennen nicht, dass auch der Gesprächspartner das Bedürfnis hat sich mitzuteilen.

Der amerikanische Zauberkünstler Steve Cohen rät in seinem Buch „Win the Crowd" dazu, auf ein Kompliment immer mit einem Dank und einer direkt anschließenden Frage an den Geber des Kompliments zu reagieren. Ich habe nach einer Show im Waldorf Astoria in New York mit ihm gesprochen und ihm ein Kompliment für seinen Auftritt gemacht. Und siehe da: Er hat sich bedankt und sofort gefragt, woher ich komme und welchen Beruf ich habe. Auch hier das Prinzip: Danke für dein Interesse bzw. das Kompliment, das ich gerne annehme, aber ich interessiere mich auch für dich.

Seien Sie „anfassbar", so wie die Künstlerin Amanda Palmer. Die Musikerin ist für ihre Fans äußerst greifbar und tastbar. Vor Konzerten übernachtet sie bei ihnen, bei Auftritten springt sie in die Menge und ist über Twitter immer mit ihren Anhängern in Kontakt. Sie hat über 900.000 Follower. Amanda Palmer macht das, was ein guter Arzt nach der

Niederländischen Patientenstudie auch machen sollte: Sie hört ihren Fans zu, sie redet mit ihnen und hat ein echtes Interesse daran, was die Menschen bewegt.

Seien Sie aufmerksam!

Wissen Sie, warum an der Theke von Starbucks immer nach Ihrem Namen gefragt wird – selbst wenn der Laden leer ist und man sich auch so merken könnte, wer welchen Caffè Latte mit Sojamilch bestellt hat? Nichts hört der Mensch lieber als seinen eigenen Namen.

Sprechen Sie Menschen mit ihrem Namen an

Aus der Psychologie wissen wir, dass der Name ein wichtiger Teil der eigenen Identität ist. Starbucks arbeitet ganz bewusst mit diesem Mechanismus, und so rufen die Baristas laut die Namen der Gäste, deren Kaffee gerade fertig ist, durch den Laden. Ungeschickt nur, wenn das dann schief geht und aus Marcus auf dem Pappbecher Magnus wird. Dann verkehrt sich der Effekt ins Gegenteil.

Beispiel

 In meinem Zeitungsvolontariat ging es gleich am ersten Tag der Ausbildung um das Thema „Namen von Protagonisten". Quasi als erstes Gebot wurde uns dort beigebracht, Namen drei Mal zu überprüfen, bevor wir sie drucken. Gerade im Lokaljournalismus ist es sehr peinlich, wenn man jemanden, dessen Namen man gestern falsch geschrieben hat, heute beim Bäcker trifft.

Wenn ich Gruppenseminare zum Thema „Auftritt und Kommunikation" leite, beginnt das Seminar normalerweise mit der sog. Vorstellungsrunde. Die Teilnehmer nennen Namen und Beruf, erzählen ein paar Sätze zu ihrem Hintergrund und vor allem, was sie sich von dem Kurs wünschen und erwarten. Nach dieser Vorstellungsrunde habe ich alle Namen parat. Und parat heißt, dass ich jederzeit jeden im Seminar mit seinem Namen ansprechen kann. Das ist für einen Trainer und Seminarleiter von entscheidender Bedeutung. Aber auch für andere, die einen Auftritt im kleineren Rahmen haben, gilt: Wer die Namen weiß, ist „in command". Er hat die Fäden in der Hand. Wenn es zwischendurch einmal unruhig wird, kann ich die betreffenden Personen direkt mit Namen ansprechen. Und das ist viel wirkungsvoller als zu sagen: „Sie, dort hinten, mit dem roten Hemd". In der Interviewtechnik für Journalisten gibt es ein Mittel, um dauerplaudernde Talkgäste freundlich zu unterbrechen und so als Interviewer wieder die Oberhand zu gewinnen: den Interviewgast mit seinem Namen ansprechen. Gerne auch in Kombination mit einer kurzen Berührung am Arm. Wer seinen Namen hört, ist sofort in Habachtstellung. Und diesen Moment kann der Interviewführer nutzen, um die nächste Frage zu stellen.

Ein Frage der Höflichkeit

In der Schweiz, in der ich vier Jahre lang gelebt habe, ist die Namensnennung auch ein wichtiger Teil der Höflichkeitskultur. Nach jedem Gespräch wird beim Abschied der Name des Gesprächspartners genannt, auch bei einem Telefonat mit der Krankenkasse: „Herr Thomas, noch einmal vielen Dank für

Ihren Anruf". In einer geselligen Runde am Abend wird jeder beim Zuprosten mit seinem Namen angesprochen, auch wenn man sich gerade erst kennengelernt hat. Wenn man das als Nicht-Schweizer nicht gewohnt ist, kann es schnell peinlich werden: wenn jeder zwar Ihren Namen weiß, Sie aber von niemandem den Namen behalten haben.

Wissen speichern mit der Memory-Technik

Ich gebe seit vielen Jahren Seminare bei Lufthansa, in den Flight Training Centern in Frankfurt und München. Mein Spezialthema: ein perfekter Auftritt in der First Class. Bei Lufthansa wird genau untersucht, was sich Statuskunden – also First-Class-Gäste, Mitglieder des sog. HON-Circles oder Senatoren (Inhaber der Vielfliegerkarte in Gold) – von den Flugbegleitern wünschen. Und die namentliche Ansprache steht immer ganz oben auf den Wunschlisten. Warum? Wer mit seinem Namen angesprochen wird, wird gesehen. Die Aussage dahinter ist: Ich nehme dich wahr. Und wie wichtig das ist, haben Sie bereits im vorherigen Abschnitt erfahren.

Voraussetzung des namentlichen Ansprechens ist natürlich, dass man sich die Namen auch merken kann. Hierfür gibt es eine Technik, die mittlerweile auch Bestandteil meines Seminarprogramms ist. Das Tolle daran: Sie funktioniert nicht nur bei zwölf Namen, sondern auch bei 24 oder auch 36. Wie viele Namen Sie sich merken müssen, ist also völlig egal.

Beispiel

 Kommen wir noch einmal zurück zum Zauberkünstler Steve Cohen und seiner Show im New Yorker Waldorf Astoria Hotel. Im Laufe seines Programms lässt er sich immer wieder von Zuschauern assistieren, nach deren Namen er auch fragt. Die Namen merkt er sich und zieht sie im Laufe der Show immer wieder aus dem Hut, auch wenn die Zuschauer sich schon vor einer Stunde mit Namen vorgestellt haben: „Marcus, kannst du von deinem Platz gut sehen?" Diese Fähigkeit erzeugt einen tollen Effekt – ganz ohne Zauberkunst. Doch wie schafft er es, sich all diese Namen zu merken?

Der Zauberkünstler Cohen arbeitet mit einer sog. Memory-Technik, um die Namen die ganze Show über zu behalten. Mit dieser Technik ist bildhaftes Lernen gemeint. Informationen aller Art – das können Zahlen, Daten, Vokabeln sein oder eben Namen – werden in Bilder verwandelt, und diese Bilder werden in sog. mentalen Briefkästen abgelegt. Man zieht sie dann später, wenn man sie braucht, quasi wieder aus dem Brieffach. Als es um Sprachbilder und Analogien ging (siehe das gleichnamige Kapitel), haben Sie schon gelesen, wie gut unser Gehirn mit Bildern umgehen kann. Und dieser Effekt funktioniert nicht nur in der Kommunikation, sondern auch beim Lernen. Das ist wissenschaftlich erwiesen. Mit der folgenden Übung können Sie die Technik ausprobieren bzw. trainieren.

Die Körperliste: So trainieren Sie die Memory-Technik

Suchen Sie sich an Ihrem Körper 11 Punkte. Diese Körperpunkte werden später unsere mentalen Briefkästen. Beginnen Sie links unten am Fuß (Punkt 1), gehen Sie dann etwas höher zum Knie (Punkt 2), weiter nach oben zur vorderen Hosentasche (Punkt 3), die Gesäßtasche ist Punkt 4, der Bauch ist 5, über Hemdtasche oder Sakkorevers (6), die Schulter (7), das Kinn (8), den Mund (9), den Kopf (10) und die rechte Schulter (11). Wichtig ist, dass Sie von unten nach oben arbeiten. Wenn Sie ganz oben auf dem Kopf angekommen sind, gehen Sie den gleichen Weg auf der rechten Seite wieder herunter. Wir stoppen für unser kleines Experiment bei Punkt 11, der rechten Schulter.

Kennen Sie die deutschen Bundespräsidenten auswendig? Nein? Das ist nicht schlimm, denn nach ein paar Minuten Üben mit der Memory-Technik werden ihre Namen auf immer und ewig eingebrannt sein in Ihr Gedächtnis. Und zwar in der Reihenfolge, wie sie im Amt waren. Sie werden sehen: Wenn Sie einmal bildhaft gelernt haben, vergessen Sie das Gelernte nicht mehr so schnell.

Wir beginnen bei Punkt 1, dem linken Fuß. Stellen Sie sich vor, Sie laufen barfuß auf Heu. Theodor Heuss ist der erste Bundespräsident, den Sie auf diese Weise als Bild am Fuß abspeichern. Je lebendiger und sinnlicher Sie sich das Bild vorstellen, desto besser funktioniert die Technik. Punkt 2: das Knie. Bitte packen Sie – imaginär – Lübecker Marzipan auf Ihr linkes Knie: Heinrich Lübke. Punkt 3: die vordere Hosentasche.

Stecken Sie sich eine alte 5 D-Mark Münze in die Tasche, einen Heiermann – für Gustav Heinemann. Punkt 4: die Gesäßtasche. Dort haben Sie eine geschälte Banane: Walter Scheel. Über Ihren Bauch (Punkt 5) fährt ein Spielzeugauto, im Englischen „car", für Karl Carstens. In Ihrem Revers (Punkt 6) steckt eine Weizenähre: Richard von Weizsäcker. Auf der linken Schulter (7) liegt die Schärpe eines Herzogs: Roman Herzog. Am Kinn (8) ist es dank Dreitagebart ziemlich rau. Johannes Rau. Ihr Mund (9) ist ganz schwarz, weil Sie gerade ein Stück Kohle gegessen haben: Horst Köhler. Auf Ihrem Kopf (10) haben Sie einen Wolf: Christian Wulff. Und auf der rechten Schulter (11) sitzt ein jonglierender Gaukler: Joachim Gauck. Das sind sie, die elf deutschen Bundespräsidenten, in der Reihenfolge ihrer Amtszeiten.

Wenn Sie die Namen abrufen möchten, gehen Sie einfach Ihre Körperpunkte in der Reihenfolge durch, in der Sie sie mit Bildern belegt haben.

Schritt für Schritt zu unseren Bundespräsidenten

1   Sie laufen barfuß auf Heu (Heuss).

2   Auf dem Knie liegt Lübecker Marzipan (Lübke).

3   In der vorderen Tasche ein Heiermann (Heinemann).

4   In der Gesäßtasche eine geschälte Banane (Scheel).

5   Auf Ihrem Bauch fährt ein car (Carstens).

6   Am Revers eine Weizenähre (von Weizsäcker).

7   Auf der Schulter die Schärpe des Herzogs.

Schritt für Schritt zu unseren Bundespräsidenten

8   Am Kinn ist der Dreitagebart (Rau-h).

9   Ihr Mund ist schwarz wie Kohle (Köhler).

10 Auf Ihrem Kopf sitzt ein Wolf (Wulff).

11 Auf der rechten Schulter sitzt ein Gaukler (Gauck).

Noch einmal: Das Ganze funktioniert von unten nach oben und von links nach rechts und Sie dürfen niemals einen Punkt auslassen oder überspringen. Sonst klappt es nicht.

Diese Technik nennt sich „Körperliste" und ist hervorragend geeignet, wenn es darum geht, bestimmte Informationen in einer Reihenfolge abzuspeichern. Wenn Sie nachhaltig Dinge behalten wollen, sollten Sie Ihre Körperliste drei bis vier Mal durchgehen und wiederholen. Danach haben sich die Bilder gesetzt und sind später wie auf Knopfdruck abrufbar. Die Technik funktioniert auch mit Reden. Ich kenne Uni-Professoren, die ganze Vorlesungen so abspeichern. Die Körperpunkte sind dann mit dem jeweils nächsten Stichwort belegt und die Redner können komplett auf Stichwortzettel verzichten.

Die Körperliste ist eine effektive Memory-Technik, um alle möglichen Arten von Wissen abzuspeichern.

Namen merken mit der Memory-Technik

Sie wissen jetzt, wie Sie Wissen verankern. Wie gelingt es aber, mit der Memory-Technik die Namen Fremder abzuspeichern und sie sich auf Dauer zu merken? Bevor ich dazu komme, zunächst ein Dreisatz, der dabei enorm helfen kann.

Namen merken in drei Schritten
1. Zuhören
2. Nachfragen
3. Wiederholen

1 **Zuhören:** Wenn Sie sich einen Namen merken möchten, müssen Sie vor allem zuhören. Das klingt banal, aber in der Praxis scheitert es oft genau daran. Auf einer Party wird uns jemand vorgestellt, aber anstatt auf den Namen zu hören, sind wir in Gedanken schon beim kalten Buffet und der Waldmeisterbowle. Das hat zur Folge, dass wir den Namen 10 Sekunden später schon wieder vergessen haben. Sie müssen sich selber darauf programmieren, sich einen Namen wirklich merken zu wollen. Hören Sie zu, wenn sich jemand bei Ihnen vorstellt.

2 **Nachfragen:** Vor allem ungewöhnliche Namen laden dazu ein nachzufragen, woher der Name eigentlich kommt. („Guiseppe Müller-Schwertheim – das ist ja eine interessante Kombination. Sind Sie in Italien geboren?") In aller Regel kommt jetzt eine Geschichte von Ihrem Gegenüber. Wie wir im Kapitel „Storytelling" gelernt haben, sind Geschichten Balsam fürs Gehirn. Der Name wird sich anhand der Geschichte einprägen. Und ganz nebenbei freuen sich Menschen, wenn man sich für die Geschichte ihres Namens interessiert.

3   **Wiederholen:** Sagen Sie zum Abschied noch einmal den
    Namen des anderen. („Es hat mich gefreut, Sie kennen-
    zulernen, Herr Müller-Schwertheim.") Durch die Wieder-
    holung wird sich der Name noch weiter setzen und bleibt
    so besser in Erinnerung.

Haben Sie sich den Namen auf diese Weise erst einmal
bewusst gemacht, können Sie mit der Memory-Technik starten.

Wenn Sie sich die Namen merken möchten von Menschen, die
Ihnen im Privat- oder im Berufsleben begegnen, müssen Sie
die Memory-Technik, die Sie oben in Form der Körperliste
kennengelernt haben, etwas abwandeln. Körperpunkte sind
hier nicht geeignet als mentale Briefkästen. Sie müssen den
Briefkasten an der Person selber festmachen. Ansonsten bleibt
alles gleich:

1   Namen in ein Bild verwandeln

2   An einem Punkt an der Person ablegen

3   Bei Bedarf wieder aus dem Brieffach ziehen.

Als Punkt kann alles dienen, was Ihnen an Menschen auffällt:
Nasen, Ohrringe, Brillen, T-Shirt, Locken ... Es gilt die Regel: Je
schräger, je verrückter das Bild, das Sie kreieren, desto besser
funktioniert die Technik.

Beispiel

 Ich hatte in einem Seminar einmal eine Frau Baborsky. Auffallend
an ihr waren ihre hoch gegelten Haare, die zu einzelnen Zacken
aufgestellt waren – zu Borsten eben. Ich habe Frau Baborsky
anderthalb Jahre nach dem Seminar in einem Fahrstuhl wieder-

gesehen, und ihr Name schoss mir spontan ins Gehirn. Sie war ziemlich erstaunt, dass ich ihren Namen noch wusste. Das funktioniert aber nur mit einem starken Bild. Und wenn sie mittlerweile Dauerwelle getragen hätte, wäre der Name wohl vergessen gewesen.

Die Technik ist gut, aber auch nur eine Technik. Zaubern kann man damit nicht; nicht einmal der Magier Steve Cohen.

Die Bilder müssen übrigens nicht politisch korrekt sein – Hauptsache, sie funktionieren. Es gibt Gedächtnistrainer, die sich Brücken machen, die erotisch aufgeladen sind. Das will ich an dieser Stelle nicht weiter ausführen. Ihrer Fantasie sind keine Grenzen gesetzt. Wichtig ist, dass Sie sich einen Spaß daraus machen, Menschen zu beobachten und zu schauen, was Ihnen so auffällt. Wer sich unter Druck setzt und ärgert, dass die Technik nicht gleich funktioniert, wird schnell frustriert. Fabulieren Sie locker, leicht und luftig und kreieren Sie Bilder. Das funktioniert mit einfachen wie mit schweren Namen.

Beispiel

 Frau Koizumi aus Japan ruft vielleicht gerade einen Koikarpfen, der zu ihr kommen soll. Baron von Eckrath reitet auf einem eckigen Rad und nicht auf der Kanonenkugel von Baron Münchhausen. Herr Dr. Bieganski ist möglicherweise Tierarzt und behandelt gerade eine bisexuelle Gans auf Skiern.

Auch hier gilt wie bei anderen Techniken: Übung macht den Meister. Mit der Zeit wird es immer schneller gehen.

Zeigen Sie Ecken und Kanten!

Wer auf der großen Bühne und auf der Bühne des Lebens
Erfolg haben will, sollte im Gedächtnis anderer haften bleiben.
Menschen, die wir in der nächsten Sekunde vergessen haben,
sind austauschbar. Wer sich abhebt, macht ein Statement.
Schauen wir uns erfolgreiche deutsche Moderatoren an:
Jauch, Gottschalk, Kerkeling, Schöneberger. So unterschied-
lich sie auch sein mögen, eines haben sie doch alle gemeinsam: Sie sind nicht Teflon. Man kann sich an ihnen reiben, sie
bleiben haften. Auf der anderen Seite steht das große Heer
der namenlosen Magazin-Moderatoren. Im Zweifel würden
wir gar nicht merken, wenn morgen jemand anderes vor der
Kamera steht und uns die Themen des Tages ankündigt.

Was können Sie also tun, um an Profil zu gewinnen und dieses
auch zu zeigen?

- Feilen Sie an Ihren eigenen Standpunkten. Sagen Sie bei
  der Präsentation Ihre Meinung. Fragen Sie sich vor einer
  Rede: Welche Haltung habe ich zu diesem Thema? Welche
  Empfindungen habe ich, wenn es um das Thema geht?
  Bewegt es mich? Ärgert es mich? Ist es mir egal? Nicht
  jeder wird mit Ihnen einer Meinung sein. Aber man beschäftigt sich mit Ihnen.

- Stehen Sie zu sich selber, auch zu Ihren Fehlern und
  Schwächen. Verstecken Sie sich nicht. Sprechen Sie Ihre
  eigene Sprache. Sagen Sie auch auf der Bühne Dinge nicht
  in einem verzwirbelten Bürokratendeutsch, sondern in Ihren eigenen Worten.

- Erzählen Sie Ihre Geschichten und arbeiten Sie mit Sprachbildern. Beides brennt sich in die Festplatte Ihrer Zuhörer ein.

Vielleicht polarisieren Sie mit Ihrer Art und es gibt hinterher Menschen, die Sie nicht mögen, aber Sie haben wenigstens eine Art und hinterlassen bleibenden Eindruck.

Feilen Sie an eigenen Standpunkten und Haltungen, um an Profil zu gewinnen und unverwechselbar zu werden.

Charisma kann man lernen

Charisma kann man – zumindest zu einem Teil – lernen. Der Philosoph Aristoteles hat dazu einen Mix aus Logos, Ethos und Pathos ausgemacht. Auf unsere Zwecke übertragen stehen diese Begriffe für die Kunst der Rhetorik, persönliche Glaubwürdigkeit und das Vermögen, die Gefühle seiner Zuschauer anzusprechen.

Beispiel

 Ein Politiker, der diesen Dreiklang perfekt beherrscht hat und immer noch beherrscht, ist Helmut Schmidt, den die Menschen in Deutschland für hochgradig glaubwürdig halten, weil er eine klare Meinung äußert und zu dieser auch steht. „Zeit"-Chefredakteur Giovanni di Lorenzo, der Schmidt gut kennt, ist in einer Talkshow gefragt worden, was den Charismatiker Helmut Schmidt von den farblosen Politikern von heute unterscheidet. Di Lorenzos kernige Antwort: „Substanz".

Überzeugen Sie sich von sich selbst!

Zur Kunst, nicht Teflon zu sein, gehört auch die Fähigkeit, nicht an sich zu zweifeln. Die wenigsten Menschen haben ein unerschütterliches Selbstbewusstsein. Jeder zweifelt mal an sich. Aber auf der Bühne darf man nicht das nicht tun. Wenn Sie vor einem Publikum stehen, müssen Sie zutiefst davon überzeugt sein, dass Sie in diesem Augenblick dorthin gehören. Wenn wir hier wieder einen Blick auf erfolgreiche Moderatoren werfen, stellen wir fest: Sie sind nicht nur nicht Teflon, sie zweifeln auch nicht, sondern gehen ganz dreist davon aus, dass wir sie jetzt sehen wollen. Auch wenn das vielleicht nicht immer der Fall ist.

Status-Spiele

Menschen, die auf der Bühne nicht zweifeln, präsentieren sich im sog. Hochstatus. Mit Status ist hier das Dominanzverhalten gemeint, nicht der gesellschaftliche Status. Der amerikanische Improvisationslehrer Keith Johnstone, auf den das Konzept der Status-Ebenen zurückgeht, versteht Status als etwas, was man *tut* – im Gegensatz zum gesellschaftlichen Status, den man *hat*. Beim gesellschaftlichen Status geht es um Statussymbole, Ämter, Titel etc. Der Status nach Johnstone kann sich dagegen – je nach Situation – verändern. Es geht dabei darum, welche Rolle wir in Kommunikationssituationen einnehmen.

Beispiel

 So kann auch ein Generalintendant in der Kommunikation einen Tiefstatus einnehmen.

In der Kommunikation mit anderen senden wir körpersprachlich, stimmlich und inhaltlich (nonverbal, paraverbal und verbal) Signale aus, die vom Gegenüber – unbewusst – interpretiert werden. Entweder wir ordnen uns unter (Tiefstatus), oder wir versuchen, in der Kommunikation die Oberhand zu gewinnen (Hochstatus). Wenn zwei Menschen mit gleichem Status aufeinandertreffen, entsteht ein Statuskampf.

In seinem Buch „Theater und Improvisation" erinnert sich Johnstone an seine Schulzeit und an drei Lehrer-Typen.

1 Lehrer A war sehr streng, und alle Schüler hatten Angst vor ihm. Ein unbeliebter Lehrer.

2 Lehrer B war unterwürfig und hatte keine Kontrolle über die Klasse. Auch er war unbeliebt.

3 Lehrer C konnte mit den Schülern Spaß haben, hatte aber in der nächsten Sekunde wieder die komplette Kontrolle über die Klasse.

Johnstone leitet daraus drei Status-Typen ab: Lehrer A ist ein notorischer Hochstatus-Spieler, Lehrer B agiert ausschließlich im Tiefstatus, Lehrer C kann seinen Status beliebig heben oder senken, je nach Situation.

Keith Johnstone hat dazu das Bild der „Statuswippe" entwickelt. Die Wippe lässt sich bewegen, indem man seinen eigenen Status hebt und den des anderen senkt. Oder man senkt bewusst seinen eigenen Status („Ich habe es nicht verdient.") und erhebt damit den Partner auf der Wippe.

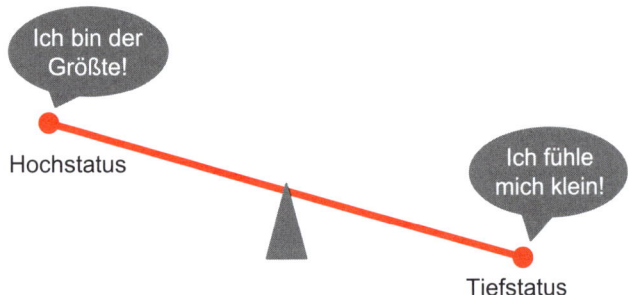

Die Statuswippe

Eine meiner Verwandten hat viele Jahre als Verkäuferin in einem großen Bekleidungshaus gearbeitet. Sie hat in ihrem Job lange dagegen gekämpft, dass viele Kollegen ihre Interessen gnadenlos durchgesetzt haben, sie selber aber immer den Kürzeren gezogen hat, wenn es etwa um Urlaub oder die Arbeitsverteilung ging. Irgendwann erzählte sie ihrem Hausarzt davon, wie ihre Kollegen sie regelmäßig übergehen. Den Arzt wunderte das nicht. Er stand auf, machte dabei einen gebeugten Gang vor und sagte: „Das liegt an der Art, wie Sie gehen". Dann nahm er den Kopf nach oben, ging aufrecht vor seiner Patientin auf und ab und sagte: „Sie müssen *so* gehen. Dann tanzt Ihnen auch niemand mehr auf der Nase herum". Die Verkäuferin ging mit genau dieser Körperhaltung zurück in ihre Abteilung – und tatsächlich nahmen die Kollegen sie von nun an ganz anders wahr.

Der Status hat übrigens nichts damit zu tun, wie sympathisch jemand auf andere wirkt. Vielmehr ist er ein Ausdruck des Selbstbewusstseins, das jemand hat. Ein Mensch im Hochstatus hat demzufolge ein hohes Selbstbewusstsein; jemand im Tiefstatus ein geringes Selbstbewusstsein. Hochstatus und hohes Selbstbewusstsein sind dabei nicht mit Arroganz zu verwechseln. Im Gegenteil: Menschen im Hochstatus verhalten sich oft besonders höflich und zuvorkommend.

Schauspieler müssen zwischen den Statusrollen wechseln können – je nachdem, welche Figur sie spielen. Dennoch sind viele Schauspieler Spezialisten für Hoch- oder Tiefstatus. So wird z.B. Mario Adorf ausschließlich für Hochstatus-Rollen besetzt.

Status-Spiele können auch unter Freunden vorkommen. Bemerkungen wie „Ich bin erfolgreicher", „Ich verdiene mehr Geld", „Ich habe die perfekte Familie", erhöhen den eigenen Status und senken den Status des Gegenübers. Gleiches gilt für Liebesbeziehungen und vor allem am Arbeitsplatz, wie wir gerade am Beispiel der Verkäuferin gesehen haben.

Ihr Ziel: Der Hochstatus

Für Ihren Auftritt vor Publikum ergeben sich aus dem Status-Konzept drei Konsequenzen:

1   Status-Unterschiede beeinflussen jede Kommunikation; auch den Auftritt bei Präsentationen.

2   Der Status ist durch Training veränderbar.

3   Der öffentliche Auttritt ist ein Feld für Hochstatus-Spieler. Wer sich im Tiefstatus auf eine Bühne stellt, irritiert das Publikum.

So signalisieren Sie Hochstatus

- Zielgerichtete, ruhige Bewegungen
- Aufrechte Körperhaltung

So signalisieren Sie Hochstatus

- Direkter Blick (nicht zu lang, nicht zu kurz)
- Ruhiges Sprechen im Erdgeschoss des Stimmhauses (mehr dazu im Kapitel „Die Stimme")
- Ruhige, gleichmäßige Atmung
- Kommunikationspartner ungefragt berühren (z.B. Hand auf die Schulter legen)
- Inhaltlich für Probleme immer eine Lösung haben
- Sich nicht aus der Ruhe bringen lassen

Woran Sie Tiefstatus erkennen

- Bewegungen sind tollpatschig, unsicher, fahrig
- Gebeugte Körperhaltung
- Zu langer Blickkontakt wird vermieden
- Hohes, leises, nuscheliges Sprechen
- Hektisches, flaches Atmen
- Vor Berührungen zurückschrecken
- Sieht nur Probleme, aber keine Lösungen
- Lässt sich schnell verunsichern

Mehr Selbstbewusstein mit dem Modell der logischen Ebenen

Wer bisher nicht dazu neigte, Hochstatus zu signalisieren, muss sich verändern, um ihn für einen überzeugenden Auftritt zu erreichen. Doch wie kann man diese Änderung erreichen?

Hilfe leistet hier das Modell der logischen Ebenen, das vom amerikanischen Psychologen Robert Dilts entwickelt wurde. Es hat seinen Ursprung in der sog. Veränderungsarbeit und kommt dann zur Anwendung, wenn man an sich selbst langfristig etwas ändern möchte. Dilts geht in dem Modell von fünf unterschiedlichen Ebenen aus, die von oben nach unten wirken.

Logische Ebenen nach Dilts		
↓	Identität	Wer bin ich?
↓	Überzeugungen	Woran glaube ich?
↓	Fähigkeiten	Was kann ich?
↓	Verhalten	Wie verhalte ich mich?
↓	Umwelt	Wie nimmt meine Umwelt mich wahr?

Je weiter oben man in der Veränderungsarbeit ansetzt, desto größer ist der Effekt auf die Ebenen darunter.

Beispiel

 Sie lernen eine neue Sprache (Fähigkeit). Das wirkt sich auch auf Ihr Verhalten aus, was wiederum Ihre Umwelt – also die Menschen um Sie herum – wahrnimmt.

Anders herum funktioniert es nicht. Wenn Sie sich anders verhalten, haben Sie noch lange keine neue Fähigkeit, und Ihre Identität ändert sich schon mal gar nicht. Also setzen wir möglichst weit oben an, um eine ganze Kaskade an Änderungen in den unteren Etagen in Gang zu setzen. Die Identität zu verändern wird schwierig – das wäre eher ein Fall für Sigmund Freud. Der Schlüssel liegt laut Dilts in der Ebene darunter: in den Überzeugungen.

Arbeiten Sie an Ihren Überzeugungen

Wenn Sie schon vor einem Auftritt davon überzeugt sind, dass alles in die Hose geht, dann ist die Wahrscheinlichkeit groß, dass es auch so kommt. Der Entertainer und Schauspieler Joachim Fuchsberger hat einmal in einem Interview gesagt, er habe immer nach der Devise gelebt: „Ein Hürdenläufer, der nur Hindernisse sieht, kann nicht gewinnen". Schrauben Sie also an Ihren Überzeugungen; gehen Sie davon aus, dass alles gut wird und die Zuschauer begeistert von Ihnen sind. Im Profisport wird mit diesem oder ähnlichen Modellen schon lange gearbeitet: beim Mentaltraining. Sportler gehen mental vor dem Wettkampf schon mal die Laufstrecke durch, sehen sich als Erste ins Ziel laufen, die Zuschauer jubeln ihnen zu, der Trainer klopft ihnen auf die Schulter ... Sie programmieren sich damit auf Erfolg. Probieren Sie es aus: Gehen Sie gedanklich durch Ihren Vortrag. Treten Sie auf die Bühne. Hören Sie den dröhnenden Applaus Ihres Publikums.

Die Macht der Überzeugung

Sie zweifeln daran, dass Sie es allein mit Überzeugung oder Erwartung schaffen, Hochstatus und damit mehr Selbstbewusstsein zu zeigen? Die folgenden Beispiele zeigen, welche Macht diese Haltung hat.

Beispiel

 Der amerikanische TV-Sender ABC hat zum Verkaufsstart des iPhone 5 ein Experiment mit Passanten gewagt. Reporter haben Testpersonen das neue Apple-Telefon präsentiert und bewerten lassen. Und die Passanten gerieten ins Schwärmen, ja, geradezu in Verzückung: Das neue iPhone sei viel leichter, das Display größer und viel schärfer als beim Vorgänger! Der Clou: Die ABC-Mannschaft hatte gar nicht das iPhone 5 dabei, sondern das Vorgänger-Modell, das iPhone 4. Allein die Erwartung und Überzeugung, dass das neue Modell so viel besser sein müsse, hat bei den Menschen dafür gesorgt, dass sie die Neuerungen auch beim iPhone 4 zu sehen glaubten.

Als Ärzten im Zweiten Weltkrieg das Schmerzmittel ausging, haben sie den Verletzten Kochsalz injiziert, ihnen aber gesagt, es handele sich um Morphium. Die Erwartung, dass die Schmerzen weniger werden, hat sich bei den meisten Verletzten schmerzlindernd ausgewirkt.

Auftrittsängste besiegen

Mentaltechniken wie das Modell der logischen Ebenen sind gute Instrumente, um selbstbewusster in die Auftrittssituation zu gehen. Dennoch bleibt bei vielen, auch selbstbewussten Menschen die Angst vor dem öffentlichen Auftritt. Wenn Sie sich an den Anfang dieses TaschenGuides erinnern: Die Angst, öffentlich zu sprechen, ist bei den meisten stärker verankert als die Angst vor dem eigenen Tod. Auftrittsängste hindern uns daran, uns so zu präsentieren, dass wir andere nachhaltig beeindrucken. Der Stress, den diese Ängste in uns auslösen, macht uns klein und nervös.

Worst-Case-Szenarien entmachten

Um der Angst die Stirn zu bieten, kann es helfen, sich einige Worst-Case-Szenarien vor Augen zu führen und ihnen die Macht zu nehmen. Stellen Sie sich die folgenden Pannen vor und überlegen Sie, wie Sie im Ernstfall darauf reagieren würden. Das in Gedanken schon einmal Erlebte verliert seinen Schrecken.

- **Sie verlieren den Faden:** Sprechen Sie die Panne offen an und versuchen Sie, auf Ihren Karten den Faden wieder zu finden. Kommentieren Sie, wie Sie den Anschluss in Ihren Unterlagen suchen. Sie müssen nicht perfekt sein und wenn Sie offen mit dem Hänger umgehen, können Sie sogar Sympathiepunkte beim Publikum gewinnen.

- **Die Technik versagt:** Während Ihres Vortrags geht der Beamer oder der Computer kaputt. Auch hier gilt: Kommunizieren Sie die Panne offen. Kommentieren Sie, wie Sie versuchen, die Technik wieder in Gang zu bringen. Wenn das nicht gelingt, lösen Sie sich komplett von der Technik und erzählen Sie, was Sie mit Ihren Folien deutlich machen wollten.

- **Sie haben einen Blackout:** Glücklicherweise passiert so etwas nur sehr selten. Sie ahnen es schon, wie Sie am besten damit umgehen: Sagen Sie offen und ehrlich, was los ist. Versuchen Sie sich zu sammeln. Vielleicht können Sie einen anderen Teil Ihres Vortrages vorziehen, der Ihnen nun spontan ins Gehirn schießt. Im absoluten Notfall kündigen Sie eine Pause an und machen Sie danach weiter.

- **Sie stürzen auf der Bühne:** Ein Sturz ist nicht toll, aber auch keine Katastrophe. Versuchen Sie, eine „Nummer" daraus zu machen und nicht, den Sturz zu überspielen. Wenn Sie selber über sich lachen können und Ihnen der Sturz nicht peinlich ist, dann ist es Ihrem Publikum auch nicht peinlich.

Beispiel

In Köln habe ich die Premiere der deutschen Komödie „Miss Sixty" mit Iris Berben in der Hauptrolle moderiert. Im Publikum saßen jede Menge Prominente und Filmschaffende. Die Atmosphäre war angespannt: Wie würde der Film wohl ankommen? Nach der Premiere: Erleichterung. Der Film wird gut aufgenommen. Zwei Mitarbeiter des Filmverleihs kommen auf die Bühne. Bei ihrer Ansprache pfeift das Mikrofon – eine Rückkopplung. Bei dem Versuch, das Pfeifen abzustellen, geht einer der Redner immer weiter nach hinten und fällt schließlich rückwärts aus der Dekoration und von der Bühne. Zunächst ein peinlicher Moment. Wir helfen dem Redner auf und dieser setzt sich schließlich ganz lässig vorne auf den Bühnenrand: „Ich glaube, so ist es für alle Beteiligten sicherer". Ein Lacher im Publikum, die Situation ist gerettet und die letzte Anspannung von allen Beteiligten abgefallen.

Tipps, wie Sie mit Auftrittsängsten umgehen

- Hadern Sie nicht mit Ihrer Redeangst, sondern akzeptieren Sie sie. Jeder, auch Profis, hat diese Angst mehr oder minder stark ausgeprägt, das ist völlig normal.

- Denken Sie immer daran, dass Ihr Publikum von Ihnen weder Übermenschliches noch Perfektion erwartet.

- Stehen Sie mit beiden Beinen fest auf dem Boden.
- Bleiben Sie mit Ihrer Stimme im Erdgeschoss Ihres Stimmhauses (siehe Kapitel „Die Stimme").
- Seien Sie gut vorbereitet.
- Haben Sie immer übersichtliche Stichwortkarten dabei.

Zu guter Letzt: Lassen Sie die Bratkartoffeln anbrennen!

Der TV-Koch Vincent Klink, mit dem ich in verschiedenen Fernsehsendungen zusammengearbeitet habe, hat mich bei den Proben zu einer Show einmal gefragt: „Weißt du, was das Geheimnis meines Erfolgs ist?" Ich hatte ihn nicht danach gefragt und hatte keine Ahnung, was nun kommen würde. Vincent fuhr fort: „Es ist mir alles völlig egal". Das war ja mal eine Erfolgsformel! Aber je länger ich darüber nachdachte, desto mehr Sinn ergab seine Aussage. Wenn bei Vincent Klink in einer Live-Sendung etwas schief ging, hat ihn das nicht aus der Ruhe gebracht. Im Gegenteil: Er hat eine Nummer daraus gemacht. Wenn ihm die Bratkartoffeln angebrannt sind, dann hat er gesagt: „Das passt schon. So bekommen sie das richtige Aroma", und hat noch einen Schuss Tabasco-Soße darauf gegeben. Andere Fernsehköche hätten in dieser Situation die Fassung verloren: Gericht missglückt, Show verpatzt. Aber es ist doch so: Uns allen brennen zuhause mal die Bratkartoffeln an. So ist das Leben. Und gerade weil Vincent Klink so lässig mit den kleinen und großen Küchenpannen umgeht, lieben ihn die Zuschauer.

Auch wenn dieser TaschenGuide „Der perfekte Auftritt" heißt und wir in den vergangenen Kapiteln an perfekter Körpersprache, perfekter Stimme und starker Rhetorik gearbeitet haben: Ab und zu muss man die Perfektion Perfektion sein lassen und einfach nur Mensch sein. Der Mensch ist nun mal nicht perfekt Ein Zuviel an Perfektion ist für andere auch nicht auszuhalten. Erinnern Sie sich an die „Eat Pray Love"-Autorin Elizabeth Gilbert und ihre Rede vor Lesern des „Oprah Magazines"? Der Charme und der Erfolg ihrer Rede waren gerade nicht in ihrer Perfektion begründet, sondern lagen im Gegenteil in ihrer Nicht-Perfektion, in all ihren Missgeschicken.

Perfektion in Text und Haarsträhnen?

Manchmal habe ich angehende Fernsehmoderatoren in meinen Seminaren, die alles perfekt machen wollen: Jede Silbe ihres Textes muss sitzen und jede Haarsträhne auf dem Kopf. Und wenn mal etwas nicht so perfekt läuft, wie sie es geplant hatten, dann sind sie enttäuscht, verärgert, unglücklich. Diese Seminare sind die anstrengendsten, weil wir Sequenzen auf Wunsch dieser Teilnehmer ständig wiederholen müssen, bis sie vermeintlich perfekt sind. Und diese Schwere merkt man einem Moderator an. Die Zuschauer wollen aber keine Schwere sehen. Ihr eigenes Leben ist schon schwer genug. Sie scheitern oft genug an ihrem eigenen Perfektionsanspruch. Da tut es einfach gut, im Fernsehen oder auf der Bühne jemanden zu sehen, der auch einmal nicht perfekt ist und das Leben nicht zu ernst nimmt.

Wer zu verbissen und perfektionistisch an seinen Auftritt herangeht, wird scheitern. Deshalb möchte ich gerne allen, die im Rampenlicht stehen, zurufen: Lassen Sie bei aller Perfektion auch mal die Bratkartoffeln anbrennen! Ihr Publikum wird es Ihnen danken.

Auf einen Blick: Positiv in Erinnerung bleiben

- Nutzen Sie Ihre Chance, sich positiv von der grauen Masse abzuheben und hören Sie anderen aktiv zu. So signalisieren Sie ehrliches Interesse für Ihre Gesprächspartner – und das schätzen diese sehr.

- Nur derjenige, der Ecken, Kanten und Profil zeigt, bleibt bei anderen nachhaltig in Erinnerung.

- Nichts hören Menschen lieber als ihren eigenen Namen. Wer sich die Namen anderer gut merken kann, ist daher klar im Vorteil, wenn es darum geht, andere mit einer persönlichen Ansprache zu beeindrucken.

- Wer auf einer Bühne steht, sollte davon überzeugt sein, dass er in diesem Moment genau dorthin gehört. Selbstzweifel sollten Sie vor dem Auftritt ausräumen – das gelingt mit einfachen Überzeugungstechniken.

- Auftrittsängste setzen Menschen unter Stress. Um der Angst die Stirn zu bieten, kann es helfen, vorab die schlimmsten Katastrophenphantasien zu entmachten.

- Allzu viel Perfektion schadet eher, als sie nützt. Gerade die kleinen Fehler und Unzulänglichkeiten sind es, die Menschen sympathisch machen.

Literatur

Campbell, Joseph: The hero with a thousand faces, Pantheon Books, New York 1949.

Cohen, Steve: Win the Crowd. Unlock the Secrets of Influence, Charisma and Showmanship. HarperCollins Publishers 2006.

Frey, Gudrun: Reden machen Leute, Metropolitan 2003.

Gallo, Carmine: The Presentations Secrets of Steve Jobs: How to Be Insanely Great in Front of Any Audience, McGraw-Hill Verlag 2010.

Johnstone, Keith: Theater und Improvisation, Alexander Verlag 2010.

Leanne, Shel: Sag's wie Obama. Ausstrahlung, Rhetorik und Visionen des neuen US-Präsidenten, Linde Verlag 2009.

Mehrabian, Albert /Wiener, Morton: Decoding of Inconsistent Communications, in: Journal of Personality and Social Psychology 6 (1967), Nr. 1, S. 109 – 114.

Stevenson, Doug: Die Storytheater-Methode. Strategisches Geschichtenerzählen im Business, Gabal-Verlag 2008.

Stichwortverzeichnis

Impressum

Bibliografische Information der Deutschen Nationalbibliothek
Die Deutsche Nationalbibliothek verzeichnet diese Publikation in der Deutschen Natio-
nalbibliografie; detaillierte bibliografische Daten sind im Internet über
http://dnb.dnb.de abrufbar.

Print: ISBN: 978-3-648-07104-5   Bestell-Nr.: 10712-0001
ePub: ISBN: 978-3-648-07105-2   Bestell-Nr.: 10712-0100
ePDF: ISBN: 978-3-648-07106-9   Bestell-Nr.: 10712-0150

Ernst-Marcus Thomas
Der perfekte Auftritt – Wie Sie mit einfachen Mitteln Ihre Wirkung verbessern
1. Auflage 2015, Freiburg

© 2015, Haufe-Lexware GmbH & Co. KG, Munzinger Straße 9, 79111 Freiburg
Redaktionsanschrift: Fraunhoferstraße 5, 82152 Planegg/München
Telefon: (089) 895 17-0
Telefax: (089) 895 17-290
Internet: www.haufe.de
E-Mail: online@haufe.de
Redaktion: Jürgen Fischer
Redaktionsassistenz: Christine Rüber

Konzeption, Realisation und Lektorat: Nicole Jähnichen, www.textundwerk.de
Satz und Druck: Beltz Bad Langensalza GmbH, 99947 Bad Langensalza
Umschlag: Kienle gestaltet, Stuttgart

Der Autor

Ernst-Marcus Thomas

ist Kommunikations- und Auftrittstrainer. Bei der Augsburger Allgemeinen lernte er das Handwerk des Zeitungsredakteurs und studierte danach in München Theaterwissenschaft und Psychologie mit dem Abschluss Magister Artium. Er absolvierte eine Sprecherausbildung beim Bayerischen Rundfunk und stand danach über zehn Jahre als Moderator vor allem in großen Live-Sendungen vor der Kamera. Er moderierte u.a. das ARD-Buffet im Ersten Deutschen Fernsehen, den ZDF Fernsehgarten und als Vertretung für Jörg Pilawa die NDR Talkshow. Heute ist er der Mann hinter den Kulissen und trainiert Radio- und TV-Moderatoren, u.a. an der ARD.ZDF.Medienakademie. Zudem ist er Dozent an der Zürcher Hochschule für Angewandte Wissenschaften (ZHAW) und gibt Unternehmensseminare mit dem Schwerpunkt Auftrittskompetenz. Mehr über die Auftrittsseminare von Ernst-Marcus Thomas erfahren Sie im Internet: www.charismedia.ch

Der Autor freut sich über Zuschriften unter:

office@charismedia.ch

Wissen to go!

TaschenGuides.
Schneller schlauer.

Kompetent, praktisch und unschlagbar günstig.
Mit den TaschenGuides erhalten Sie
kompaktes Wissen, das Sie überall begleitet –
im Beruf und im Alltag.

Mehr Informationen zu den TaschenGuides
finden Sie auf www.taschenguide.de
und auf www.facebook.com/Erfolgreich

Jetzt bestellen!
www.haufe.de/shop (Bestellung versandkostenfrei)
oder in Ihrer Buchhandlung